猕猴桃 枸杞 樱桃 病虫害诊断与防治原色图鉴

第二版

吕佩珂　高振江　苏慧兰　等编著

化学工业出版社

·北京·

本书围绕无公害果品生产和新产生的病害防治问题，针对制约我国果树产业升级、果品质量安全等问题，利用新技术、新方法，解决生产中的实际问题，涵盖了猕猴桃、枸杞、樱桃生产上所能遇到的大多数病虫害。本书图文结合介绍猕猴桃、枸杞、樱桃的病害八十余种，虫害八十种，本书图片包括症状、病原及害虫各阶段彩图，防治方法上将传统的防治方法与许多现代防治技术方法相结合，增加了植物生长调节剂调节大小年及落花落果，保证大幅增产等现代技术以及猕猴桃、樱桃精品果的生产，如何抢早上市等内容。附录中还有农药配制及使用基础知识。是紧贴全国果品生产，体现现代果品生产技术的重要参考书。可作为诊断、防治猕猴桃、枸杞、樱桃病虫害指南，可供家庭果园、果树专业合作社、农家书屋、广大果农、农口各有关单位参考。

图书在版编目（CIP）数据

猕猴桃枸杞樱桃病虫害诊断与防治原色图鉴／吕佩珂等编著．—2版．—北京：化学工业出版社，2018.1
（现代果树病虫害诊治丛书）
ISBN 978-7-122-31079-8

Ⅰ．①猕…　Ⅱ．①吕…　Ⅲ．①猕猴桃－病虫害防治－图集②枸杞－病虫害防治－图集③樱桃－病虫害防治－图集　Ⅳ．①S436.6-64②S435.671-64

中国版本图书馆CIP数据核字（2017）第292251号

责任编辑：李　丽　　　　装帧设计：关　飞
责任校对：王　静

出版发行：化学工业出版社
（北京市东城区青年湖南街13号　邮政编码100011）
印　　装：北京东方宝隆印刷有限公司
850mm×1168mm　1/32　印张8¼　字数188千字
2018年2月北京第2版第1次印刷

购书咨询：010-64518888（传真：010-64519686）
售后服务：010-64518899
网　　址：http://www.cip.com.cn
凡购买本书，如有缺损质量问题，本社销售中心负责调换。

定　　价：49.80元　　

丛书编委名单

前言

进入2017年，我们已进入了中国特色社会主义新时代，即将全面建成小康社会，正在不断把中国特色社会主义推向前进。中国是世界水果生产的大国，产量和面积均居世界首位。为了适应果树科学技术不断进步的新形势和对果树病虫防治及保障果树产品质量安全的新要求，生产上需要切实推动果树植保新发展，促进果品生产质量和效益不断提高。

本书第一版自2014年11月出版面市以来，得到了广大读者的喜爱和认可，经常接到读者来信来电，对图书内容等提出中肯的建议，同时根据近年来各类果树的种植销售情况及栽培模式变化和气候等变化带来的新发、多发病虫害变化情况，笔者团队经过认真的梳理总结，特出版本套丛书的第二版，以期满足广大读者和市场的需要，确保果树产品质量安全。

第二版丛书与第一版相比，主要做了如下变更。

1. 根据国内市场和种植情况，对果树种类进行了重新合并归类，重点介绍量大面广、经济效益高、病虫害严重、读者需求量大的品种，分别是《柑橘橙柚病虫害诊断与防治原色图鉴》《板栗核桃病虫害诊断与防治原色图鉴》《草莓蓝莓树莓黑莓病虫害诊断与防治原色图鉴》《猕猴桃枸杞樱桃病虫害诊断与防治原色图鉴》《葡萄病虫害诊断与防治原色图鉴》。

2. 近年来随着科技发展和学术交流与合作，拉丁学名在世界范围内进一步规范统一，病害的病原菌拉丁学名变化较大。以柑橘病害为例，拉丁学名有40%都变了，因此第二版学名必须跟着变为国际通用学名，相关内容重新撰写。同时对由同一病原引起的不同部位、不同症状的病害进行了合并介绍。对大部分病害增加了病害发生流行情况等简单介绍。对于长期发生的病害，替换了一些效果不好的照片，增加了一些幼虫照片和生理病害照片，替换掉一些防治药品，增补了一些新近应用效果好的新药和生物制剂。与时俱进更新了一些病害的症状、病因、传播途径和发病条件及新近推广应用的有效防治方法。

3. 增补了一些由于栽种模式和气候条件变化等导致的新近多发、危害面大的生理性病害与其他病虫害，提供了新的有效的防治、防控方法。

4. 附录中增加了农药配制及使用基础知识，提高成活率、调节大小年、精品果生产等农民关心的关键栽培养护方法。

本丛书这次修订引用了同行发表的文章、图片等宝贵资料，在此一并致谢！

吕佩珂等

2017年11月

第一版前言

我国是世界水果生产的大国，产量和面积均居世界首位。果树生产已成为中国果农增加收入、实现脱贫致富奔小康、推进新农村建设的重要支柱产业。通过发展果树生产，极大地改善了果农的生活条件和生活方式。随着国民经济快速发展，劳动力价格也不断提高，今后高效、省力的现代果树生产技术在21世纪果树生产中将发挥积极的作用。

随着果品产量和数量的增加，市场竞争相当激烈，一些具有地方特色的水果由原来的零星栽培转变为集约连片栽培，栽植密度加大，气候变化异常，果树病虫害的生态环境也在改变，造成种群动态发生了很大变化，出现了一些新的重要的病虫害；一些过去次要的病虫害上升为主要病虫害；一些曾被控制的病虫害又猖獗起来；过去一些零星发生的病虫害已成为生产的主要病虫害；再加上生产技术人员对有些病虫害因识别诊断有误，或防治方法不当造成很多损失。生产上准确地识别这些病虫害，采用有效的无公害防治方法已成为全国果树生产上亟待解决的重大问题。近年来随着人们食品安全意识的提高，无公害食品已深入人心，如何防止农产品中的各种污染已成为社会关注的热点，随着西方发达国家如欧盟各国、日本等对国际农用化学投入品结构的调整、控制以及对农药残留最高限量指标的修订，对我国果树病虫害防治工作也提出了更高的要求，要想跟上形势发展的需要，我们必须认真对待，确保生产无公害果品和绿色果品。过去出版的果树病虫害防治类图书已满足不了形势发展的需要。现在的病原菌已改成菌物，菌物是真核生物，过去统称真菌。菌物无性繁殖产生的无性孢子繁殖力特强，可在短时间内循环多次，对果树病害传播、蔓延与流行起重要作用。多数菌物可行有性生殖，有利其越冬或越夏。菌物有性生殖后产生有性孢子。菌物典型生活史包括无性繁殖和有性生殖两个阶段。菌物包括黏菌、卵菌和真菌。在新的分类系统中，它们分别被归入原生物界、假菌界和真菌界中。

考虑到国际菌物分类系统的发展趋势，本书与科学出版社2013年出版的谢联辉主编的普通高等教育“十二五”规划教材《普通植物病理学》（第二版）保持一致，该教材按《真菌词典》第10版（2008）的方法进行分类，把菌物分为原生动物界、假菌界和真菌界。在真菌界中取消了半知菌这一分类单元，并将其归并到子囊菌门中介绍，以利全国交流和应用。并在此基础上出版果树病虫害防治丛书10个分册，内容包括苹果病虫害，葡萄病虫害，猕猴桃、枸杞、无花果病虫害，樱桃病虫害，山楂、番木瓜病虫害，核桃、板栗病虫害，桃、李、杏、梅病虫害，大枣、柿树病虫害，柑橘、橙子、柚子病虫害，草莓、蓝莓、树莓、黑莓病虫害及害虫天敌保护利用，石榴病虫害及新编果树农药使用技术简表和果园农药中文通用名与商品名查对表，果树生产慎用和禁用农药等。

本丛书始终把生产无公害果品作为产业开发的突破口，有利于全国果产品质量水平不断提高。近年气候异常等温室效应不断给全国果树带来复杂多变的新问题，本丛书针对制约我国果树产业升级、果农关心的果树病虫无害化防控、国家主管部门关切和市场需求的果品质量安全等问题，进一步挖掘新技术新方法，注重解决生产中存在的实际问题，本丛书从以上3个方面加强和创新，涵盖了果树生产上所能遇到的大多数病虫害，包括不断出现的新病虫害和生理病害。本丛书10册，介绍了南、北方30多种现代果树病虫害900多种，彩图3000幅，病原图300多幅，文字近120万，形式上图文并茂，科学性、实用性强，既有传统的防治方法，也挖掘了许多现代的防治技术和方法，增加了植物生长调节剂在果树上的应用，调节果树大小年及落花落果，大幅度增产等现代技术。对于激素的应用社会上有认识误区：中国农业大学食品营养学专家范志红认为植物生长调节剂与人体的激素调节系统完全不是一个概念。研究表明：浓度为30mg/kg的氯吡脲浸泡幼果，30天后在西瓜上残留的浓度低于0.005mg/kg，远远低于国家规定的残留标准0.01 mg/kg正常食用瓜果对人体无害。这套丛书紧贴全国果树生产，是体现现代果树生产技术的重要参考书，可作为中国进入21世纪诊断、防治果树病虫害指南，可供全国新建立的家庭果园、果树专业合作社、全国各地农家书屋、广大果农、农口各有关单位参考。

本丛书出版得到了包头市农业科学院的支持，本丛书还引用了同行的图片，在此一并致谢！

编著者

2014年8月

目录

1. 猕猴桃病害 /1

2. 猕猴桃害虫 / 50

3. 枸杞病害 / 82

4. 枸杞害虫 /93

5. 樱桃、大樱桃病害 /118

1.猕猴桃病害

猕猴桃是猕猴桃科落叶藤本果树，我国南方种植颇多，栽培的主要是中华猕猴桃，营养价值显著，又称奇异果。

猕猴桃立枯病

立枯病是猕猴桃苗期主要病害。

症状 初期从根颈部先发病，呈水渍状小斑，浅褐色，半圆形至不规则形，后小斑扩大，根颈部皮层腐烂一周，地上部叶片萎蔫，病苗根皮层腐烂且易脱落，仅留木质部。

病原 *Rhizoctonia solani*，称立枯丝核菌，属真菌界担子菌门无性型丝核菌属。有性型为*Thanatephorus cucumeris*，属担子菌门瓜王革菌属。

传播途径和发病条件 土壤病残体传播，经伤口、皮孔入侵。在常温20℃左右、高湿、根系浸水或7～9月高温干旱浇水过量时容易侵染幼苗，为害幼苗根颈部及其以上茎秆和

猕猴桃立枯病

叶片。

防治方法 （1）选择地势高、排水好、土质疏松地块作苗床。施用腐熟有机肥或土壤消毒进行预防。（2）初发病时及早挖除病根集中烧毁，并用草木灰加石灰处理。草木灰：石灰为8 ∶ 2，撒入苗床，防止病势蔓延。发病中期用75%敌克松原粉800倍液或75%百菌清可湿性粉剂600倍液撒布菌床有效。（3）发生面积大时，及早用80%多·福·福锌可湿性粉剂750倍液或50%多菌灵可湿性粉剂800倍液，每周喷1次，也可用1 ∶ 1 ∶ 200倍式波尔多液或0.3 ～ 0.5°Bé石硫合剂。

猕猴桃炭疽病

症状 有两种：一种是从猕猴桃叶片边缘开始发病，初现水渍状，后变褐色不规则形病斑，病健部交界明显。后期病斑中间变成灰白色，边缘深褐色，病斑正面散生很多小黑点，受害叶片边缘卷缩，干燥时叶片易破裂，多雨潮湿叶片腐烂脱落也侵染果实，但很少。病原是胶孢炭疽菌。为害果实的还有一种炭疽菌，主要为害成熟果，病斑圆形，浅褐色，水渍状，凹陷。分离出的病原菌是*Colletotrichum acutatum*。

猕猴桃炭疽病病叶

病原 *Colletotrichum gloeosporioides*，称胶孢炭疽菌，均属真菌界无性型子囊菌。有性态是围小丛壳。另一种是*C. acutatum*，分离培养于PDA上，菌落粉红色，长势中等。菌丝上伸出瓶梗状产孢细胞，分生孢子无色，开始短棒状，后变成梭形，大小（8.7～12）μm×（3～4.2）μm。

传播途径和发病条件 病菌主要在病残体或芽鳞、腋芽等部位越冬。次年春季嫩梢抽发期，产生分生孢子，借风雨飞溅到嫩叶上进行初侵染和多次再侵染。病菌从伤口、气孔或直接侵入，病菌有潜伏侵染现象。

防治方法 （1）注意及时摘心绑蔓，使果园通风透光，合理施用氮、磷、钾肥，提高植株抗病力。注意雨后排水，防止积水。（2）结合修剪、冬季清园，集中烧毁病残体。（3）在猕猴桃萌芽期，果园初次产生孢子时，5天内开始喷洒50%甲基托布津可湿性粉剂800～1000倍液或75%二氰蒽醌可湿性粉剂500～1000倍液、50%氟啶胺悬浮剂2000倍液。

猕猴桃蔓枯病

症状 主要为害枝蔓，病斑多在剪锯口、嫁接口及枝蔓分杈处产生红褐色至暗褐色不规则形的组织腐烂，后期略凹陷，上生黑色小粒点，即病菌分生孢子器，潮湿时小粒点上涌出白色孢子角，病斑沿枝蔓向四周扩展后致病部以上枝梢枯萎，逐渐死亡。本病是江苏和山东等省猕猴桃生产上的重要病害。病梢率常达30%以上。

病原 *Phomopsis viticola*，称葡萄拟茎点霉，属真菌界无性型子囊菌。有性态为*Crypotosporella viticola* Shear.，称葡萄生小隐孢壳菌，属子囊菌门真菌。在老病斑上可见到子囊壳球形，黑褐色，有短喙；子囊圆筒形至纺锤形，无色；子囊孢子

猕猴桃发生蔓枯病后新梢萎垂状

长椭圆形，单胞无色，大小（11 ～ 15）μm×（4 ～ 6）μm。子囊间有侧丝。无性态分生孢子器黑色，200 ～ 400μm，初圆盘形，成熟后变为球形，具短颈，顶端有开口。分生孢子器中产生两种分生孢子。甲型：椭圆形至纺锤形，单胞无色，两端各生1油球，（7 ～ 10）μm×（2 ～ 4）μm；乙型：钩丝状，但不萌发。

传播途径和发病条件 病菌以菌丝和分生孢子器在病组织内越冬，春季下雨潮湿后从分生孢子器中溢出分生孢子，借风雨飞溅传播，从幼嫩组织伤口侵入，每年出现抽梢期和开花期2个发病高峰，多雨、伤口多易发病，冬春受冻发病重。品种间抗病性差异明显。中华猕猴桃最感病。

防治方法 （1）北方不要在低洼易遭冻害的地方建猕猴桃园。（2）选用抗病品种。（3）加强管理，增强树势和抗逆能力，早春注意预防冻害，清除病枝蔓。（4）发芽前、采收后树体喷洒3°Bé石硫合剂，新梢生长期喷1 ∶ 0.7 ∶ 200倍式波尔多液1 ～ 2次。也可用多菌灵、硫菌灵100倍液涂治。

猕猴桃黑斑病

症状 又称霉斑病。主要为害叶片，多发生在7 ～ 9月。

嫩叶、老叶染病初在叶片正面出现褐色小圆点，大小约1mm，四周有绿色晕圈，后扩展至5～9mm，轮纹不明显，一片叶子上有数个或数十个病斑，融合成大病斑呈枯焦状。病斑上有黑色小霉点，即病原菌的子座。严重时叶片变黄早落，影响产量。

病原 *Pseudocercospora actinidiae*，称猕猴桃假尾孢，属真菌界无性型子囊菌。子座生在叶面，近球形，浅褐色，直径20～60μm。分生孢子梗紧密簇生在子座上，多分枝，长700μm，宽4～6.5μm。分生孢子圆柱形，浅青黄色，直或弯，具3～9个隔膜，大小（20～102）μm×（5～8）μm。

传播途径和发病条件 病菌以菌丝在叶片病部或病残组织中越冬，翌年春天猕猴桃开花前后开始发病。进入雨季病情

猕猴桃黑斑病中期叶背病斑

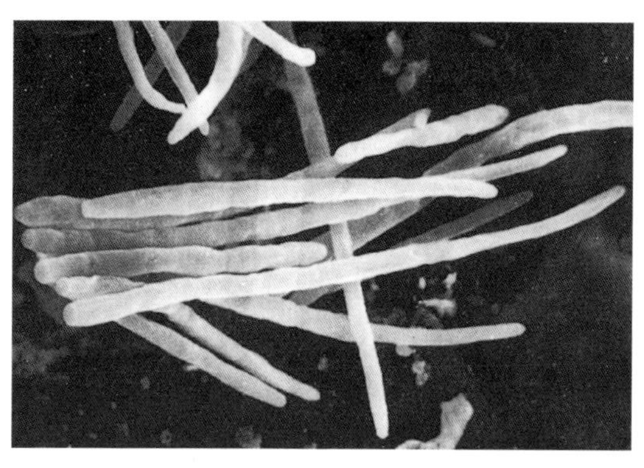

生于中华猕猴桃叶片上的猕猴桃假尾孢分生孢子（康振生原图）

扩展较快，有些地区有些年份可造成较大损失。

防治方法 （1）冬季清园，清除枯枝、落叶，剪除病枝。（2）春季发芽前喷洒3～5°Bé石硫合剂。（3）发病初期，及时剪除病枝。（4）发病初期喷洒70%甲基托布津可湿性粉剂1000倍液，隔15～20天1次，连喷4～5次可控制病害。

猕猴桃褐斑病

症状 病斑主要始发于叶缘，也有发于叶面的。初呈水渍状污绿色小斑，后沿叶缘或向内扩展，形成不规则的褐色病斑。多雨高湿条件下，病情扩展迅速，病斑由褐变黑，引起霉烂。正常气候下，病斑四周深褐色，中央褐色至浅褐色，其上散生或密生许多黑色小点粒，即病原的分生孢子器。高温下被害叶片向叶面卷曲，易破裂，后期干枯脱落。叶面中部的病斑明显比叶缘处的小，病斑透过叶背，黄棕褐色。有些病叶由于受到盘多毛孢菌*Pestalotia* sp.的次生侵染，出现灰色或灰褐色间杂的病斑。

病原 *Mycosphaerella* sp.，称一种小球壳菌，属真菌界子囊菌门。子囊壳球形，褐色，顶端具孔口，大小（135～170）μm×（125～130）μm。子囊倒葫瓜形，端部粗大并渐向基部缩小，大小（32～38）μm×（6.5～7.5）μm。子囊孢子长椭圆形，双胞，分隔处稍缢缩，在子囊中双列着生，淡绿色，（9.5～12.5）μm×（2.5～3.5）μm。无性态为*Phyllosticta* sp.，称一种叶点霉，属真菌界无性态子囊菌。分生孢子器球形或柚子形，棕褐色，大小（87～110）μm×（70～104）μm，顶端有孔口，初埋生，后突破叶表皮而外露。分生孢子无色，椭圆形，单胞，大小（3.5～4.0）μm×（2.0～2.5）μm。

猕猴桃褐斑病中期症状

猕猴桃褐斑病后期症状

传播途径和发病条件 病菌以分生孢子器、菌丝体和子囊壳等在寄主落叶上越冬，次年春季嫩梢抽发期，产生分生孢子和子囊孢子，借风雨飞溅到嫩叶上进行初侵染和多次再侵染。我国南方5～6月正值雨季，气温20～24℃发病迅速，病叶率高达35%～57%；7～8月气温25～28℃，病叶大量枯卷，感病品种落叶满地。此病是猕猴桃生长期最严重的叶部病害之一，对产量和鲜果品质影响很大。

防治方法 （1）冬季彻底清园，将修剪下的枝蔓和落叶打扫干净，结合施肥埋于坑中。此项工作完成后，将果园表土翻埋10～15cm，使土表病残叶片和散落的病菌埋于土中，使其不能侵染。（2）清园结束后，用5～6°Bé的石硫合剂喷雾植株，杀灭藤蔓上的病菌及螨类等细小害虫。（3）发病初期用碧护15000倍加80%丙森锌水分散粒剂1000倍液或25%代锰•戊唑醇可湿性粉剂2000倍液或80%代森锰锌可湿性粉剂600倍液树冠喷雾，隔10～15天1次，连喷3～4次，控制病害发生和扩展。2～8月，喷1∶1∶100倍式波尔多液，减轻叶片的受害程度。

猕猴桃壳二孢灰斑病

症状 病斑生在叶上，产生圆形至近圆形灰白色病斑，边缘深褐色，直径8～15mm，有明显的轮纹，病斑背面浅褐色，后期病斑上生小黑点，即病原菌的分生孢子器。分布在湖南、湖北猕猴桃产区。

病原 *Ascochyta actinidiae*，称猕猴桃壳二孢，属真菌界无性型子囊菌。该菌是在葛枣猕猴桃上定的名。分生孢子器生在叶两面，散生或聚生，初埋生，后突破表层，露出孔口。分生孢子器球形至扁球形，直径110～115μm，高70～130μm；器壁膜质，褐色，由数层细胞组成，厚7～10μm，内壁无色，形成产孢细胞，上生分生孢子；分生孢子长椭圆形，两端钝圆，无色，中央生1隔膜，分隔处无缢缩或稍缢缩，正直或弯曲，(6.5～8.5)μm×(2.5～3.5)μm，个别有单胞。

传播途径和发病条件 病菌在病叶组织上以分生孢子器、菌丝体和分生孢子越冬，落地病残叶是主要的初侵染源。翌年春季，气温上升，产生新的分生孢子随风雨传播，在寄主新梢叶片上萌发，进行初侵染，继以此繁殖行重复侵染。5～6月为侵染高峰期，8～9月高温少雨，危害最烈，叶片大量枯焦。被灰斑病侵害的叶片，抗病性减弱，本病原常进行再次侵染，所以在果园同一张叶上，往往会同时具备两种病症。

猕猴桃壳二孢灰斑病

猕猴桃壳二孢灰斑病病叶

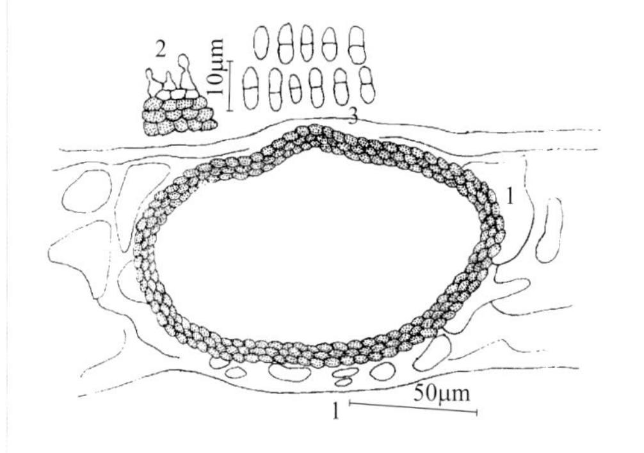

猕猴桃壳二孢
1—分生孢子器；
2—产孢细胞；
3—分生孢子

防治方法 （1）加强管理，增施钾肥，避免偏施氮肥，增强抗病力。（2）发病初期喷洒27%碱式硫酸铜悬浮剂600倍液或50%氯溴异氰尿酸水溶性粉剂1000倍液、50%咪鲜胺可湿性粉剂900倍液、75%百菌清可湿性粉剂600倍液。

猕猴桃褐麻斑病

症状 此病从春梢展叶至深秋都可发生。初在叶面产生褪绿小污点，后渐变为浅褐色斑。病斑圆形、角状或不规则形，形态和大小都较悬殊，宽2.0～18mm，叶面斑点褐色、红褐色至暗褐色，或中央灰白色、边缘暗褐色，外具黄褐色晕，叶背斑点灰色至黄褐色。

病原 *Pseudocercospora hangzhouensis*，称杭州假尾孢，属真菌界无性型子囊菌。异名*P. actinidicola*。子实体生在叶两

猕猴桃褐麻斑病病叶

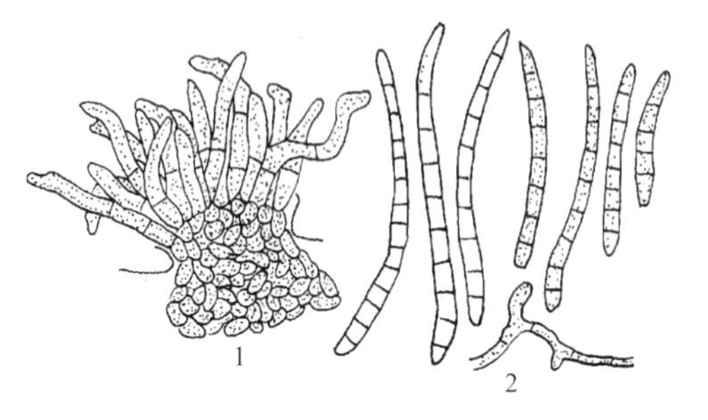

猕猴桃褐麻斑病菌（杭州假尾孢）
1—子座和分生孢子梗；
2—分生孢子

面。子座近球形，暗褐色，直径10～70μm。分生孢子梗紧密簇生在子座上，近无色至浅青黄褐色，宽不均匀，不分枝或偶分枝，0～2个屈膝状折点。分生孢子窄倒棍棒形至线形，近无色至浅青黄色，直立或弯曲，顶部尖细，基部倒圆锥形，具隔膜2～11个，大小（40～80）μm×（2～4）μm。除为害猕猴桃外，还为害多种猕猴桃属植物及台湾杨桃等。

传播途径和发病条件 病原以菌丝、孢子梗和分生孢子在地表病残叶上越冬，次年春季产生出新的分生孢子，借风雨飞溅到嫩叶上进行初侵染，继而从病部长出孢子梗，产生孢子进行再侵染。高温高湿利于病害发生，贵州和邻近省的一些果园，5月中、下旬始见病症，6～8月上旬达危害高峰。8月中、下旬～9月中旬，高温干燥，不利病菌侵染，但老病叶枯焦和脱落现象较严重。

防治方法 参见猕猴桃褐斑病。

猕猴桃灰霉病

症状 主要为害花、幼果、叶及储运中的果实。花染病后花朵变褐并腐烂脱落。幼果染病则初在果蒂处现水渍状斑，后扩展到全果，果顶一般保持原状，湿度大时病果皮上现灰白色霉状物。染病的花或病果掉到叶片上后，导致叶片产生白色至黄褐色病斑，湿度大时也常出现灰白色霉状物，即病菌的菌丝、分生孢子梗和分生孢子。

病原 *Botrytis cinerea*，称灰葡萄孢，属真菌界无性型子囊菌。分生孢子梗单生或丛生，直立，具隔膜，顶部生6～7个分枝。分枝顶端簇生卵形或近球形分生孢子，单胞，近无色。病果表面的菌丝交织在一起，可产生扁平黑色不规则形菌核。

传播途径和发病条件 病菌以菌丝体在病部或腐烂的病残体上或落入土壤中的菌核越冬。条件适宜时产生孢子，通过气流和雨水溅射进行传播。温度15～20℃，持续高湿、阳光不足、通风不良易发病，湿气滞留时间长发病重。

防治方法 （1）加强管理，增强寄主抗病力。（2）雨后及时排水，严防湿气滞留。（3）根据天气测报该病有可能大流行时应开展预防性防治，在雨季到来之前或初发病时喷洒50%氟啶胺悬浮剂2000倍液或50%异菌脲可湿性粉剂1000倍液或50%腐霉利可湿性粉剂1500倍液、50%多·福·乙可湿性粉剂

猕猴桃灰霉病病叶

猕猴桃灰霉病病菌的分生孢子梗及分生孢子

800倍液、25%咪鲜胺乳油900倍液、50%福·异菌可湿性粉剂800倍液、21%过氧乙酸水剂1000倍液、40%嘧霉胺悬浮剂1200倍液、28%百·霉威可湿性粉剂600倍液、30%福·嘧霉悬浮剂900倍液，隔10天左右1次，防治1～2次。

猕猴桃菌核病

症状 常为害花和果实。雄花受害（猕猴桃的花果雌雄异株）最初呈水浸状，后变软，继之成簇衰败凋残，干缩成褐色团块。雌花被害后花蕾变褐，枯萎而不能绽开。在多雨条件下，病部长出白色霉状物。果实受害，初期呈现水渍状褪绿斑块，病部凹陷，渐转为软腐。病果不耐储运，易腐烂。大田发病严重的果实，一般情况下均先后脱落；少数果由于果肉腐烂，果皮破裂，腐汁溢出而僵缩；后期，在罹病果皮的表面，产生不规则的黑色菌核粒。

病原 *Sclerotinia sclerotiorum*，称核盘菌，属真菌界子囊菌门核盘菌属。病菌不产生分生孢子，由菌丝集缩成菌核。菌核黑褐色，不规则形，表面粗糙，大小1～5mm，抗逆性很强，不怕低温和干燥，在土壤中可存活数百天。菌核吸水萌发，长出高脚酒杯状子囊盘。子囊盘淡赤褐色，盘状，盘径0.3～0.5mm，盘中密生栅状排列的子囊。子囊棍棒形或筒状，大小（104～148）μm×（7.9～10.1）μm。子囊孢子8个，内单列生长，无色，单胞，椭圆形，大小（7.8～11.2）μm×（4.1～7.8）μm。

传播途径和发病条件 猕猴桃菌核病是南方多雨地区常见的病害之一。病菌可寄生于油菜、茄子、番茄、莴苣、辣椒、马铃薯、三叶草等70多种植物。病菌以菌核在土壤中或附于病残组织上越冬，翌年春季猕猴桃始花期菌核萌发，产生子

猕猴桃菌核病为害果实

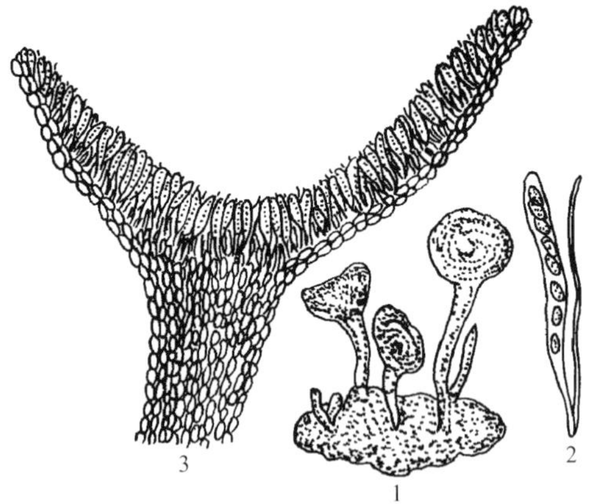

猕猴桃菌核病病菌
1—菌核长出的子囊盘；
2—子囊和子囊孢子及侧丝；
3—菌核剖面

囊盘并弹射出子囊孢子，借风雨传播为害花器。土壤中少数未萌发的菌核，可不断萌发，侵染生长中的果实，引起果腐。当温度达20 ～ 24℃、相对湿度85% ～ 90%时，发病迅速。

防治方法 （1）冬季修剪、清园，施肥后，翻埋表土10 ～ 15cm，使土表菌核埋深于土中不能萌发侵染。（2）用50%乙烯菌核利可湿性粉剂、40%菌核净、50%异菌脲、50%腐霉利可湿性粉剂1000倍液，在发病始期和前期喷花或果实2次，防效好。

猕猴桃根结线虫病

症状 主要为害苗木或成树的侧根及大根，根上产生许多结节状的小瘤状物，持续时间长后，造成根部腐烂。剖开新形成的根瘤，可见到梨形乳白色的雌虫，染病株地上生长不良，叶小，色浅，叶片易早落，结果也少。1987年信阳普遍发生，病苗率高达90%，结果树病株率达50%，应引起生产上的重视。

病原 *Meloidogyne actiniae*，是一种新的根结线虫，属动物界线虫门。雌成虫（513 ～ 1026）μm×（380 ～ 513）μm，洋梨形，会阴花纹圆至卵圆形，无侧线，背弓低而圆；雄成虫，细长线形，大小（630 ～ 1257）μm×（18 ～ 40）μm，无色透明，尾端略圆。

传播途径和发病条件 参见葡萄根结线虫病。

防治方法 （1）该线虫仅在部分地区发生，又是新种，必须对苗木进行严格检疫，防止疫区扩大。（2）培育无虫苗木，苗圃要选择前作为禾本科植物的土地育苗，水稻田育苗最好。必须在发生地育苗时，应在播种前每667m^2 用10%噻唑膦颗粒剂2kg混入细沙20kg撒在土壤上，再用铁

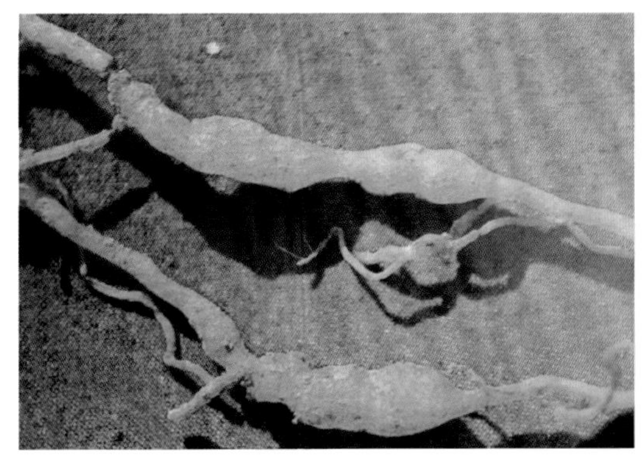

猕猴桃根结线虫病（邱强）

耙耙表土层15～20cm，充分拌匀后定植。也可在生长期灌根，不仅能有效地控制根结线虫数量，而且能有效抑制根结形成。

猕猴桃白色膏药病

症状 主要为害枝干或大、小枝，湿度大时叶片也受害，产生一层圆形至不规则形的膏药状物，后不断向茎四周扩展缠包枝干，表面平滑，初为白色，扩展后污白色至灰白色。

病原 *Septobasidium citricolum*，称柑橘白隔担耳菌，属真菌界担子菌门。子实体乳白色，表面光滑，在菌丝柱与子实层间有1层疏散略带褐色菌丝层，子实层厚100～390μm，原担子球形至洋梨形，大小（16.5～23）μm×（13～14）μm。上担子4个细胞，大小（50～65）μm×（8.2～9.7）μm，担孢子弯椭圆形，单胞无色，大小（17.6～25）μm×（4.8～6.3）μm。

传播途径和发病条件 参见柑橘膏药病。

猕猴桃白色膏药病（邱强摄）

防治方法 （1）加强猕猴桃园管理，及时刮除病枝或剪除病枝梢，增加通风量。（2）发现介壳虫及时喷洒9%高氯氟氰·噻乳油1500倍液或5%啶虫脒可湿性粉剂1800倍液。（3）发病初期或5～6月、9～10月白色膏药病发病盛期向枝干上喷洒由煤油作载体的石硫合剂结晶400倍液。（4）冬季用现熬制的5～6°Bé石硫合剂涂病疤，效果极好。

猕猴桃秃斑病

症状 此病仅见为害果实，多发生在7月中旬～8月中旬大果期，发病部位常在果肩至果腰处。发病初期，果毛由褐色渐变为污褐色，最后呈黑色，果皮也随之变为灰黑色；病斑在果皮表面不断扩展，最后表皮和果毛一起脱落，形成秃斑，故得此名。秃斑表面如是由外果肉表层细胞愈合形成，比较粗糙，常伴之有龟裂缝；如是由果皮表层细胞脱落后留下的内果皮愈合，则秃斑光滑。湿度大时，在病斑上疏生黑色的粒状小点，即病原分生孢子盘。病果不脱落，不易腐烂。

病原 *Pestalotiopsis funerea*，称枯斑盘多毛孢菌，属真菌界无性型子囊菌。分生孢子盘散生，黑色，初埋生，后

猕猴桃秃斑病为害果实状

凸露，大小142～250μm，分生孢子长橄榄球形，（21～31）μm×（6.5～9.0）μm，由5个细胞组成；其中间3个细胞污褐色，长14.5～19.5μm；端细胞无色，顶部稍钝，生3～5根纤毛，以4根较多，5根较少，纤毛长10～12μm。在多雨条件下，秃斑上有时会被另一种拟盘多毛孢菌次寄生。后寄生菌的分生孢子盘的数目超过前者，其大小95～210μm，黑色。分生孢子长梭形，大小（15.5～18.8）μm×（5～6）μm，由5个细胞组成；中间3个细胞茶褐色，居中细胞最大；端细胞无色，顶生2～3根纤毛，纤毛长6.2～7.5μm，基细胞较端细胞小，锥状，脚毛多脱落不见。

传播途径和发病条件 猕猴桃秃斑病是一种新病害，传播途径不详，可能是先侵染其他寄主后，随风雨吹溅分生孢子萌发侵染所致。在寄主叶上分离了各种病斑，均未查出此病的分生孢子。

防治方法 参见猕猴桃壳二孢灰斑病。

猕猴桃疫霉根腐病

症状 主要发生在高温旺长期，表现为植株突然萎蔫，当年枯死。抗病品种发病部位多从根尖开始，渐向上扩展，地上部分萌芽迟，叶片弱小，渐转变成半活半蔫状态；感病品种始发于根颈或主、侧根，被害部位呈环状褐色湿腐，病部长出絮状白色霉，植株在短期内便转成青枯，病情扩展极为迅速。

病原 国内从猕猴桃根上分离鉴定出的疫霉菌有多种，常见者为*Phytophthora citricola*（柑橘生疫霉）和*Phytophthora lateralis*（侧生疫霉）及*P. palmivora*（棕榈疫霉）等，均属假菌界卵菌门疫霉属。棕榈疫霉室内培养菌落均匀，有一定的气生菌丝。菌丝均一，粗度4.5～8.5μm，无菌丝膨大体，但具大量厚垣孢子。厚垣孢子球形，顶生或间生，大小29～40μm。孢囊梗简单，合轴或不规则分枝，粗2.5～5.0μm。孢子囊卵形、倒梨形、圆形，少数椭圆形，长43～83μm，宽28～44μm。孢子囊单乳突，明显，厚3.0～7.5μm。孢子囊脱落具短柄，长2.3～5.0μm。排孢孔平均宽3.8～7.5μm。静孢子球形，直径9～13μm。藏卵器球形，大小20～29μm。卵孢子球形，大小18～28μm。生长温度12～34℃，最适29～32℃，也属高温型致病真菌。

猕猴桃疫霉根腐病病菌在叶上形成的菌落

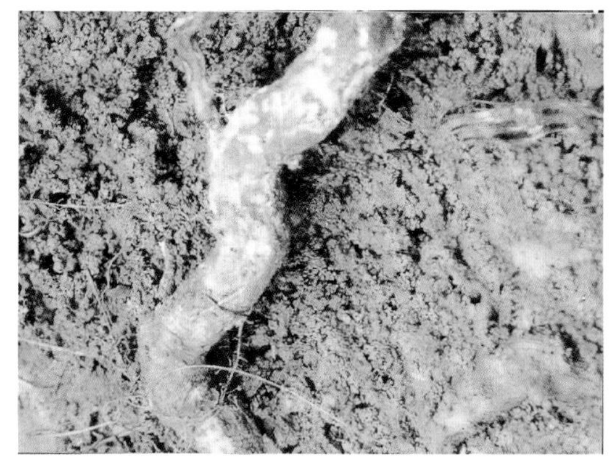

猕猴桃疫霉根腐病根部症状

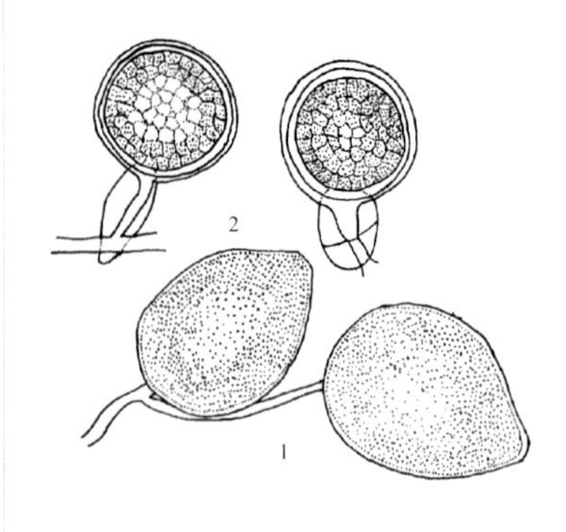

猕猴桃疫霉根腐病病菌棕榈疫霉
1—孢子囊；
2—藏卵器、雄器及卵孢子

传播途径和发病条件 病原以卵孢子在病残组织中越冬，翌年春季卵孢子萌发产生游动孢子囊，释放出游动孢子，借土壤水流传播，经根部伤口侵染。一年中可进行多次重复侵染，排水不良的果园，盛夏高温季节发病严重。

防治方法 （1）强调预防为主，进行种苗处理时用25%甲霜灵或61%乙膦·锰锌可湿性粉剂500倍液浸苗基部10～15min，晾干后栽植。（2）发病初期喷洒72%霜脲·锰锌可湿性粉剂600倍液或69%烯酰·锰锌可湿性粉剂700倍液、18.7%烯酰·吡唑酯水分散粒剂600～800倍液、500g/L氟啶胺悬浮剂1500倍液、45%霜霉威·咪唑菌酮悬浮剂（30～45g/667m^2）。

猕猴桃白绢根腐病

症状 多见侵害根颈及其下部30cm内的主根，很少为害侧根和须根。发病初期，病部呈暗褐色，长满绢丝状白色菌体。菌丝辐射状生长，最后包裹住病根，其四周的土壤空隙中也被菌丝充溢呈白色。后期，菌丝彼此结合成菌索，继缩结成菌核。菌核形成初期为白色松绒状菌丝团，渐转为浅黄色、茶黄至深褐色坚硬的核粒。发病轻时，猕猴桃植株地上部分无明显症状；严重时出现萎蔫，生长衰弱，结果少，果小味淡，2～3年内逐渐死亡。

病原 *Sclerotium rolfsii*，称齐整小核菌，属真菌界子囊菌门小核菌属，菌丝体白色，细胞长22～26μm，宽约1μm。生长后期，形成外层深栗褐色内层浅黄色的坚硬菌核。菌核表生，散生，圆形、扁圆形至椭圆形，放大镜下观其表面粗糙，多为单生，有时2～4个串生，大小（1.5～2.9）mm×（0.5～0.6）mm。有性型不常见。

传播途径和发病条件 病菌以菌丝、菌索和菌核在寄主病部或土壤中越冬，翌年春季再萌发生长出新菌丝进行侵染。

猕猴桃白绢根腐病病根

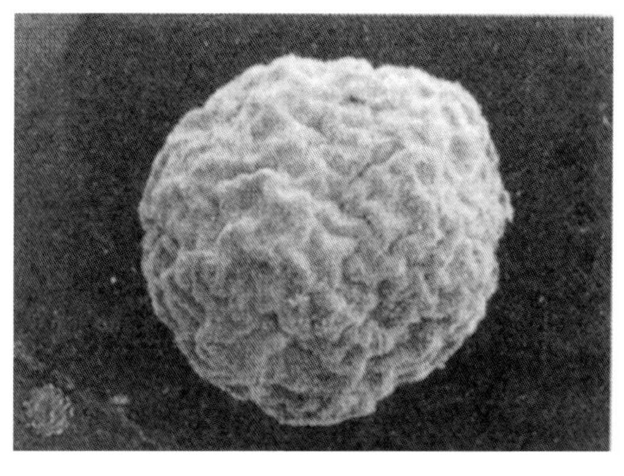
猕猴桃白绢根腐病病菌菌核50倍电镜扫描图片

沙质土和黏性土果园发病重。贵州等地，4月下旬～5月中旬，气温升至20～23℃，旬降水量达120～160mm，菌核吸水萌发，很快形成辐射状菌丝。菌丝在寄主根表和其四周土壤中迅速侵染扩展，引起发病。5月下旬～7月中旬，植株呈失水状；8～9月高温少雨，叶片大量脱落，枯死树渐增多。一般情况下，受此病侵害的植株当年并不死亡，随根部坏死程度的加重，3～4年盛果树才渐枯死。在猕猴桃根腐病种类中，白绢根腐病发病相对较轻。

防治方法 （1）建园时选择排水良好的土壤，雨季做好清沟排渍工作，增施有机肥改善土壤透气性。（2）发现病株及时清除病根，把根颈部土壤扒开，刮除病部，刮后涂80%乙蒜素乳油100倍液或波尔多浆保护，也可用五氯酚钠150倍液消毒。最好用沙性土更换根系周围的土壤，土壤中残留的病根碎屑要清理干净并烧毁。（3）新栽苗木用40%菌毒清水剂200倍液浸根。早春、夏末、秋季及果树休眠期挖3～5条辐射状沟，用45%代森铵水剂800倍液或40%菌毒清水剂400～500倍液灌根。（4）发病重的地区每667m^2用石灰15～75kg消毒，持续15天有效成分分解后才可种植果树。

猕猴桃蜜环菌根腐病

症状 主要为害根颈和主根，扩展迅速，可延主根、主干向下扩展，造成环腐致死。初在根颈部产生暗褐色水渍状病斑，逐渐扩展后产生白色菌丝，病部皮层和木质部逐渐腐烂，有酒糟气味。菌丝大量产生后8～9天形成大量菌核，树体萎蔫死亡。

病原 *Armillaria tabescens*（Scop.）Emel，称为阻碍蜜环菌。属真菌界担子菌门蜜环菌属。

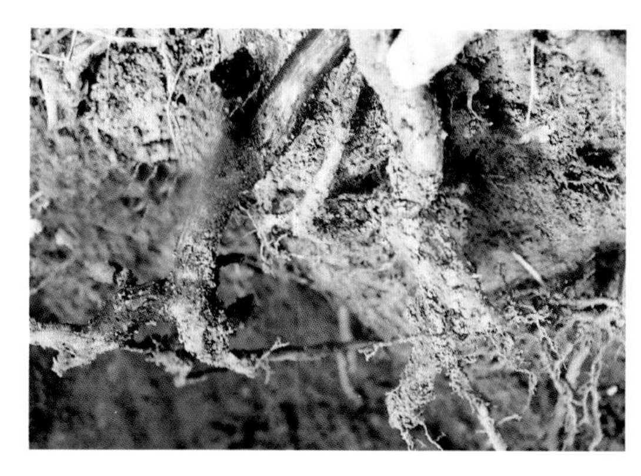
猕猴桃蜜环菌根腐病

传播途径和发病条件 该菌以菌丝和菌索在带有病组织的土壤中长期营腐生生活，扩展主要依靠病根与健根的接触和病残组织的转移，也可通过菌索扩展，直接或从伤口侵入根内。病原菌子实体产生的大量担孢子随气流传播，飞落到猕猴桃树木或残桩上，在温湿度适宜条件下萌发、侵入，在残桩上蔓延到根部并产生菌索，然后可直接侵入根部。

防治方法 （1）农业防治。实行高垄栽培，合理排水、灌水，保证无积水；及时中耕除草，破除土壤板结，增加土壤透气性，促进根系生长；增施有机肥，合理耕作，防止肥害和根系受伤；控制负载量，增强树势。（2）植物检疫，把好苗木检疫关。（3）化学防治。在早春或夏末进行扒土晾根，刮治病部或病根。用青枯立克300倍液+海藻生根剂——根基宝300倍液灌根，小树1株灌7.5～10kg，大树每株灌15～25kg。叶面喷施沃丰素，每350mL沃丰素对水200～250kg进行叶面喷雾，谢花后连喷2次，果实迅速膨大期7月上中旬喷一次。

猕猴桃花腐病

症状 主要为害花芽和叶片。病原细菌侵入花器后，在花蕾萼片上生褐色凹陷斑块，当侵入到花芽里面时，花瓣呈橘黄色，花朵开放时，里面的组织变成深褐色或已腐烂，造成花朵迅速脱落，干枯后的花瓣挂在幼果上，一般不脱落。病菌可从花瓣向幼果上扩展，造成幼果变褐萎缩，易脱落。扩展到叶片上后，产生黄色晕圈，圈内变成深褐色病斑。

病原 有3种。*Pseudomonas viridiflava*，称绿黄假单胞菌，属细菌域普罗特斯细菌门。此菌是多种植物表面的附生菌。菌体杆状，生1～4根极生鞭毛，占95.60%，此外，还有丁香假单胞菌（占3.10%）及丁香假单胞菌猕猴桃致病变种（占1.3%）。

传播途径和发病条件 该细菌普遍存在于树体的叶芽、叶片、花蕾及花中，一般在芽体内越冬，发病率常受当地气候影响，生产上猕猴桃现蕾开花期气温偏低、雨日多或园内湿度大易重发生。病原细菌侵入子房后，引起落花，受害果大多在花后1周内脱落，少数发病轻的果实，出现果皮层局部膨大，发育成畸形果、空心果、裂果。

防治方法 （1）改善藤蔓及花蕾的通风透光条件。（2）采果后至萌芽前喷3次1∶1∶100倍式的波尔多液。（3）萌芽至花期喷洒100mg/kg农用高效链霉素或20%噻森铜悬浮剂500倍液。（4）在3月底萌芽前和花蕾期各喷1次5°Bé石硫合剂。

猕猴桃花腐病病花变褐腐烂（吴增军摄）

（5）发病重的果园应在5月中、下旬喷洒20%噻菌铜悬浮剂300倍液或5%菌毒清水剂550倍液。

猕猴桃细菌性溃疡病

症状 该病是新的毁灭性细菌病害。主要为害新梢、枝干和叶片，造成枝蔓或整株枯死。染病初期叶上产生红色小点，接着产生2～3mm暗褐色不规则形病斑，四周具明显的黄色水渍状晕圈。湿度大时迅速扩展成水渍状大病斑，其边缘因受叶脉所限产生多角形病斑，有的不产生晕圈，多个病斑融合时，主脉间全部暗褐色，有菌脓溢出，叶片向里或外翻。小枝条染病初为暗绿色水渍状，后变暗褐色，产生纵向龟裂，症状向继续伸长的新梢和茎部扩展，不久使整个新梢变成暗褐色萎蔫枯死。枝干染病多于1月中、下旬在芽眼四周、叶痕、皮孔、伤口处出现，病部产生纵向龟裂，溢出水滴状白色菌脓，皮层很快出现坏死，呈红色或暗红色，病组织凹陷成溃疡状，造成枝干上部萎蔫干枯。

病原 *Pseudomonas syringae* pv. *actinidiae*，称丁香假单胞菌猕猴桃致病变种，属细菌域普罗特斯细菌门。菌体杆状，极生1～3根鞭毛，革兰染色阴性，无荚膜，不产生芽孢和不积聚*β*-羟基丁酸酯。在牛肉浸膏蛋白胨琼脂培养基上菌落污白色、低凸、圆形、光滑、边缘全缘。在含蔗糖培养基上，菌落呈黏液状。能利用葡萄糖、蔗糖、L-阿拉伯糖、肌醇、山梨醇、甘露醇产酸，但不产气。不能利用乳糖、麦芽糖、鼠李糖、酒石酸盐等。能水解吐温80，不能水解七叶灵。石蕊牛乳反应呈微碱性。产生果聚糖，不产生硫化氢、吲哚。不能水解淀粉和软化马铃薯。氧化酶、精氨酸双水解酶阴性，接触酶阳性。美国报道*P.syringae* pv. *morsprunorum*是其异名。

猕猴桃溃疡病急性型病斑

猕猴桃溃疡病花部被害状

猕猴桃溃疡病皮层腐烂凹陷开裂

传播途径和发病条件 溃疡病是猕猴桃生产中的一种危险性细菌病害，除猕猴桃外，还为害扁桃、杏、欧洲甜樱桃、李、桃、梅等果树。病菌主要在枝蔓病组织内越冬，春季从病部伴菌脓溢出，借风、雨、昆虫和农事作业、工具等传播，经伤口、水孔、气孔和皮孔侵入。病原细菌侵入细胞组织后，经过一段时间的潜育繁殖，破坏输导组织和叶肉细胞，继续溢出菌脓进行再侵染。致病试验表明，4～5月有伤口和无伤接种实生苗，5～6天就出现类似症状；有伤接种的茎能产生菌脓和出现1～2mm的轻度纵裂缝。剥开接种茎的树皮，可见维管束组织变褐色；休眠期接种，植株萌芽后出现溃疡症状，溢出白色至赤褐色菌脓，并形成与自然侵染相同的溃疡斑；接种猕猴桃果实，不染病，仅刺伤口处轻微变褐；成熟前的叶片最感病，嫩叶和老叶感病轻。

猕猴桃溃疡病病菌属低温高湿性侵染细菌，春季旬均温10～14℃，如遇大风雨或连日高湿阴雨天气，病害易流行。地势高的果园风大，植株枝叶摩擦伤口多，有利于细菌传播和侵入。人工栽培品种较野生种抗病差。在整个生育期中，以春季伤流期发病较普遍，随之转重。谢花期后，气温升高，病害停止流行，仅个别株侵染。

防治方法 （1）选栽抗病品种。贵丰、贵长、贵露等品种抗病性强，偶被侵害也不易流行。（2）严禁从疫区引进苗木，外引苗木用每毫升含700万单位的农用硫酸链霉素加1%酒精消毒1.5h。（3）培育无病苗接穗，芽条必须从无病区域或确定的无病果园选取。加强管理，冬季把带菌的枯枝落叶及早集中烧毁，以减少菌源。（4）病斑处理。对植株主干上的溃疡斑腐烂组织，用小刀、酒精瓶（内装75%酒精）、无菌塑料布条、毛巾等工具；药液：72%硫酸链霉素可溶粉剂150倍液、3%中生菌素可湿性粉剂80倍液、6%春雷霉素可湿性粉剂80

倍液、1%申嗪霉素悬浮剂130倍液进行处理。即每年冬季、春季，树干出现病斑、流脓时，用已消毒的小刀刮除树干上的病斑，再用上述药液进行涂抹后用无菌塑料布包好。（5）涂干每年采果后对树体进行涂干，时间在11月初至12月初进行，并进行冬季修剪。清园后把涂干剂涂抹在冬剪后的主干和主蔓上。涂白剂：生石灰10份、石硫合剂2份、食盐1～2份、黏土2份、水35～40kg。既可防止病菌侵入，又可防止冬季冻害。（6）灌根用72%硫酸链霉素500～1000倍液或3%中生菌素200～500倍液、6%春雷霉素可湿性粉剂200～500倍液、36%三氯异氰尿酸可湿性粉剂300～500倍液、1%申嗪霉素悬浮剂500～1000倍液、荧光假单胞杆菌500倍液。用药时间4月初至6月重点发病期，每次灌3～5L，以湿润根系附近土壤，隔15天1次。（7）提倡用EM液生物菌（丰农宝）对水200倍进行冲施，每667m^2每次冲施20kg，也可进行叶面喷洒300倍液，不要与农药混用，可减轻溃疡病，提高抗病力。

猕猴桃褐腐病

猕猴桃褐腐病又称焦腐病，是枝蔓上、果实后熟期与储运中一种重要的常见病害，枝蔓枯死率常达20%，褐腐引起烂果15%～25%，为害有日趋严重之势。

症状 主要为害枝干和果实。枝干染病，多发生在衰弱纤细枝蔓上，初病斑呈水渍状浅紫褐色，后变为深褐色，湿度大时该病绕茎扩展，侵入到木质部，造成皮层组织大块坏死，枝蔓逐渐萎蔫或干枯死亡，后期病部长出特多小黑点，即病原真菌的子座和子囊腔。果实染病，主要在收获期及储运时显症，初在病果上产生浅褐色、四周黄绿色的大病斑，病健交界处产生较宽的灰绿色大的椭圆形晕环，大小（3.1～3.5）mm×

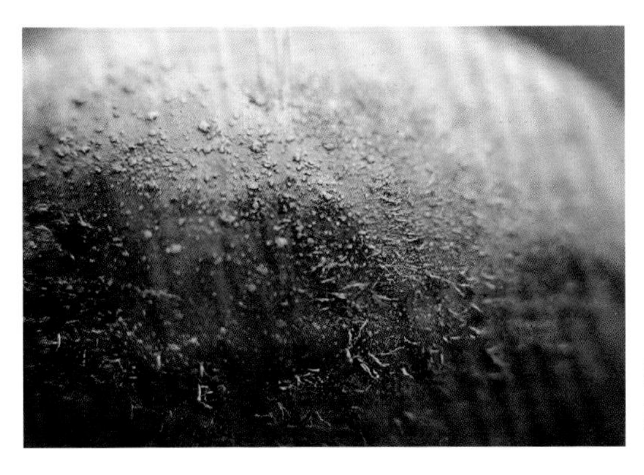
猕猴桃果实褐腐病前期症状

(4.6 ～ 6.5) mm。中后期病部渐凹陷，褐色，酒窝状，表面不破裂。在凹陷层之下的果肉浅黄色，较干，部分发展成腐烂斑或表现为软腐，果肉松弛，凹陷渐转成平覆，病部干燥后常龟裂呈拇指状纹，表层易与下层分离。这两种症状的病部均呈圆锥形深入到果肉内部，最后致果肉组织呈海绵状，并散发出酸臭味。

病原 *Botryosphaeria dothidea*，称葡萄座腔菌，属真菌界子囊菌门。子座生在皮下，形状不规则，内生1 ～ 3个子囊壳。子囊壳扁圆形，深褐色，具乳头状孔。大小(168 ～ 182) μm×(158 ～ 165) μm。子囊棍棒形，无色，(89 ～ 110) μm×(10.5 ～ 17.5) μm。子囊孢子橄榄形，单胞无色，(9.5 ～ 10.8) μm×(3 ～ 4) μm。无性态为*Macrphoma kawatukai*，称轮纹大茎点菌，该菌是一种弱寄生菌，在寄主生活弱时，从皮孔侵入。

传播途径和发病条件 病原菌以菌丝或子囊壳在猕猴桃病枝干组织中越冬。翌春气温升高，下雨后子囊腔吸水膨大或破裂，释放出大量子囊孢子，借风雨飞溅传播。枝蔓受害病菌多从伤口或皮孔侵入，果实染病的病菌从花或幼果侵入，在果实内潜伏侵染，直到果实成熟期才表现症状。生产上温度和湿度、雨日多少是该病发生轻重的决定因素，病菌生长适温

24℃。子囊孢子释放需要降雨，在降雨后1天开始释放，到降雨后2天达高峰。果实储运期，储藏温度20～25℃病果率高达70%，10℃时病果率仅为19%，冬季受冻、排水不良、挂果多树势弱、枝蔓细小、肥料不足，发病重。

防治方法 （1）从增强树势入手，施足有机肥，加强肥水管理，增强树势，提高抗病力。（2）及时清园，及早剪除病枝，尽快捡净病果，以减少初侵染源。（3）花期、幼果膨大期、干枝染病初期喷洒50%甲基硫菌灵或多菌灵悬浮剂800倍液，或40%双胍三辛烷基苯磺酸盐可湿性粉剂1000～1500倍液、45%代森铵水剂800倍液、30%戊唑·多菌灵悬浮剂1000倍液，隔10天左右1次，防治3～4次。

猕猴桃灰纹病

症状 为害叶片，病斑多从叶片中部或叶缘开始发生，产生圆形或近圆形病斑，病健交界不明显，灰褐色有轮纹，上生灰色霉状物，病斑较大，直径1～3cm，春季发生较普遍。

病原 *Cladosporium oxysporum*，称尖孢枝孢，属真菌界无性型子囊菌。菌丝表生或在表皮细胞间生长，浅黄褐色，粗壮。

猕猴桃灰纹病叶面上的病斑（吴增军）

分生孢子梗黄褐色，大小（52.5 ～ 95）μm×（15 ～ 20）μm，有分隔，顶端着生分生孢子。分生孢子色浅或黄褐色，椭圆形，单胞或双胞，大小（5 ～ 17）μm×（3.8 ～ 13）μm。

传播途径和发病条件 病原尖孢枝孢以菌丝在病部越冬，翌年3 ～ 4月产生分生孢子，借风雨传播，飞溅到叶片上后在水滴中萌发，从气孔侵入为害直到发病，病斑上又产生分生孢子进行多次再侵染，直到越冬。

防治方法 （1）发现病叶及时摘除，以减少初侵染源。（2）生长期发病尽早喷洒50%代森锰锌可湿性粉剂600倍液或50%锰锌·腈菌唑可湿性粉剂500 ～ 600倍液、20%三唑酮乳油2000倍液、30%戊唑·多菌灵悬浮剂1000倍液。

猕猴桃软腐病

症状 发病初期，病果和健果外观无区别，中、后期被害果实渐变软，果皮由橄榄绿局部变褐，继向四周扩展，致半果乃至全果转为污褐色，用手捏压即感果肉呈糨糊状。剖果检查，轻者病部果肉呈黄绿至淡绿褐色，健部果肉嫩绿色；发病重的果实皮、肉分离，除果柱外果肉被细菌分解呈稀糊状，果汁淡黄褐色，具醇酸兼腐臭味。取汁镜检，有大量细菌。

病原 *Erwinia* sp.，称一种欧氏菌，属细菌域普罗特斯细菌门欧文杆菌属。菌体短杆状，周生2 ～ 8根鞭毛，大小（1.2 ～ 2.8）μm×（0.6 ～ 1.1）μm，在细菌培养基上呈短链状生长。革兰染色阴性，不产生芽孢，无荚膜。在PDA培养基上菌落为圆形，灰白色，边缘清晰，稍具荧光。生长温度4 ～ 37℃，最适26 ～ 28℃。

传播途径和发病条件 猕猴桃软腐病是果实生长后期至储运期时有发生的一种病害，细菌多从伤口侵入，果皮虫伤或

猕猴桃软腐病病果（下排）

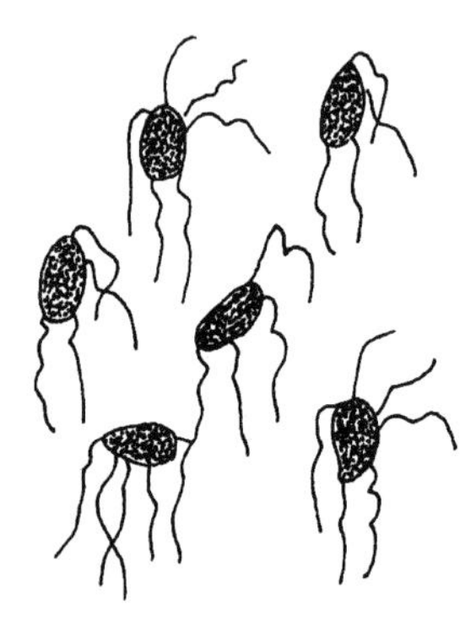

一种欧氏菌

采果时剪伤，以及果柄脱落处都是细菌侵入途径。病原进入果内即潜育繁殖，分泌果胶酶等溶解种子周围的果胶质和果肉，醇发酵产生酸，最后造成果实软腐发臭。

防治方法 （1）选择晴天采果，轻摘轻放，尽量避免产生机械伤口，细选无病虫果及无伤果储藏。（2）对储运果在采收当天进行药剂处理后再入箱。常用药剂与浓度为：2,4-D钠盐200mg/kg加硫酸链霉素800倍稀释液，浸果1min后取出晒干，单果或小袋包装后再入箱。

猕猴桃生理裂果病

症状 猕猴桃裂果主要有纵裂或横裂两种类型，果实一

猕猴桃生理裂果病

旦出现裂果，不仅失去商品价值，还容易引起霉菌侵染。

病因 主要发生在果实膨大期，由于水分供应不均匀，或后期天气干旱、突然下雨或浇水，猕猴桃吸水后果实迅速膨大，果皮、果肉膨大速度不一致造成。土壤有机质含量低，黏土地通透性差，土壤板结，干旱缺水，裂果发生重。

防治方法 （1）改良土壤，增施有机肥，提高土壤供水能力，防止土壤大干大湿。（2）大旱时要马上浇小水。（3）成熟果实及时采收。

猕猴桃日灼病

症状 主要为害果实，在向阳面产生略凹陷不规则的红褐色日灼斑，表面粗糙，质地似革质，果肉变成褐色，发病重的病斑中央木栓化，果肉干燥发僵，病部皮层逐渐硬化。

病因 一是夏季高温季节出现气候干燥或强烈日照持续时间长。进入7～9月果实生长后期，当树体枝叶不大繁茂时，果实裸露在日光下易发生日灼病。一般7月中旬受害重。二是夏剪不当，弱树、病树挂果特多的幼园日灼果率高。三是土壤水分供应不足，保水不良的猕猴桃园发病严重。四是前期发生日灼病后造成枝干、果实裸露或病虫严重、落叶严重或日均温

猕猴桃日灼病发病初期症状

高于30℃、相对湿度不足70%，发生日灼的概率明显增加。

防治方法 （1）加强猕猴桃园管理，多施有机肥使土壤有机质含量达到2%，增加土壤团粒结构，增强土壤保水保肥能力，提高抗病力。（2）科学修剪，第1次修剪在落叶后、发芽前，又称冬剪，剪除老枝、长枝、细弱枝、病枝。第2次修剪在4月中下旬～5月上旬，又称夏剪，进行抹芽和摘心，要抹掉不合理的短果枝或车状短果枝的芽，摘除中长果枝的心，使叶果比达6∶1或8∶1。（3）适时浇水，每周浇水1～2次。（4）遮阴防晒。（5）进入7月喷施果友氨基酸400倍液或黄腐酸，每667m^{2}喷50～100ml。（6）提倡喷洒3.4%赤·吲乙·芸可湿性粉剂（碧护）3000倍液，不仅可有效防止日灼，还可打造猕猴桃碧护美果。

猕猴桃枝枯病

症状 猕猴桃树冠外围结果枝上发病后，常造成枝条萎蔫，严重的整枝失水枯死，但结果母枝未见症状。在一个园里，整园或整株发病较少，往往是局部或一株上产生枝枯症状，枝上产生直径2～3mm灰褐色突起小点。

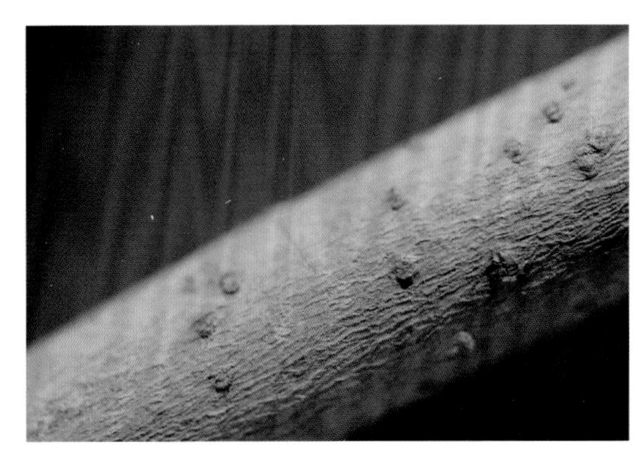

猕猴桃枝枯病

病因 正在鉴定。

传播途径和发病条件 该病多发生在猕猴桃新梢迅速抽生期，即4～5月春夏交替期。关中地区在春旱情况下，往往是干热风盛行期带来一定影响易发病，发病条件：一是春旱，二是强风。在春旱情况下，若出现6级以上强风，持续5h以上，就可发病，4年以上未遮阴封行的幼龄树发病较重，因为该树龄生长势强，对水分要求较迫切，而根系分布较浅，吸收功能有限，抗旱性相对较差，一旦强风天气出现，发病重。南北行受害重，东西行次之，边围行严重，园内行次之。其原因是由于关中地区春夏东西风向居多，不同行向内外树行受风面、受风力不一造成。

防治方法 （1）早摘心。针对外围结果枝控制顶端优势，加速枝条木质化，减少迎风面，提高抗风性。（2）规范绑枝。冬剪后结果母枝必须枝条绑缚，且排列有序，杜绝交叉、重叠、拥挤，以防结果枝抽生后空间局限，密集生长，通风移位，增加摩擦，造成伤口，抗风能力下降。（3）注意灌水。尤其在春旱风害严重情况下，提倡灌水，以减少强风形成的地面蒸发及叶面蒸腾对树体水分生理平衡的破坏。（4）必要时在发病初期结合防治其他病害喷洒75%百菌清可湿性粉剂800倍液。

猕猴桃黄化病

猕猴桃黄化病是猕猴桃生产上主要病害之一。在我国猕猴桃产区均有不同程度发生。发病轻时叶片呈黄色，严重时顶部叶片变白，果实失绿，呈黄白色。果味异常，造成较大的经济损失。

症状 猕猴桃黄化病主要为害叶片、叶片染病，除叶脉为淡绿色外，其余部位均发黄失绿，叶片小，树势衰弱，严重时叶片发白，外缘卷缩、枯萎，果实小，果实外皮变黄，切开果实果肉也变白色，丧失商品价值，发病时间长的，常会引起整株死亡。

病因 有三：(1) 不合理的耕作制度造成猕猴桃黄化病发生发展。生产上偏施氮肥，造成土壤中锌、铜、镁、锰等多种微量元素失调，元素间发生拮抗作用引起黄化病发生。经常采用大水漫灌的浇水方式，低洼处长期积水，再加上建园时猕猴桃植株栽植过深，都会造成土壤透气性不良，引起树体生理代谢紊乱而发生黄化。(2) 多种根部病害、根结线虫进行干扰和破坏，影响养分供应或造成缺素症而发生黄化。(3) 猕猴桃园长期缺铁。生产上土壤酸碱度对有效铁的含量影响较大，土

猕猴桃黄化病病叶
（刘兰泉摄）

壤pH值5.5 ～ 6.5时，猕猴桃对铁的吸收有效性最高，有些河滩地pH8是偏碱的土壤，游离二价铁离子容易被氧化成三价铁离子，被土壤固定，猕猴桃根系不能吸收利用，就会出现缺铁性黄化病。

防治方法 （1）建园地要选择土层肥厚、疏松的轻沙壤土，土层厚度0.5m以上，土壤有机质1.5%以上偏酸性土壤，pH值5.5 ～ 6.8。（2）选择适应能力较强的耐黄化的品种。（3）进行平衡施肥，多施有机肥4800kg左右，施用豆饼或黄豆，加适量磷酸二铵复合肥，防治黄化效果好。钾肥有利于对铁元素的吸收利用，盛果期每年每667m^{2}要施硫酸铵或氯化铵130kg，生长季节叶面喷施磷酸二氢钾或螯合铁溶液，补充铁元素。（4）采用短截、回缩等方法进行修剪。控制产量为每667m^2 2000 ～ 2500kg。（5）猕猴桃园覆草提高土壤肥力。（6）根结线虫严重的要及时防治。（7）提倡用靓果安中药保护性杀菌剂和叶面肥沃丰素混合使用，靓果安重点使用时期：萌芽展叶期、新梢生长期，于4 ～ 5月各喷1次。进入果实膨大期，于6 ～ 8月每个月全园喷洒靓果安效果好。沃丰素重点使用时期：进入新梢期开花后、果实膨大期使用，按500 ～ 600倍液，各期均喷1次。

猕猴桃缺氮症

症状 老叶上先产生症状，后向嫩叶上扩展，叶片的颜色逐渐变成浅绿色，严重的完全变黄，后期边缘焦枯，结下的猕猴桃果实变小。

病因 猕猴桃园土壤贫瘠或未正常施肥。砂质土壤遇大雨造成养分淋失，均有可能出现土壤缺氮。

猕猴桃缺氮症状

防治方法 定植前要先施足秋冬肥，5月底至7月分2次追施氮肥，每667m^2追施有效氮65～70kg。生长期叶面喷施0.3%～0.5%尿素溶液2～3次，每次间隔一周即可。

猕猴桃缺磷症

症状 老叶上先在叶脉间开始产生淡绿色褪绿，从顶端向叶脉基部发展，致叶片正面慢慢变成紫红色，之后背面紫红色更突出、侧脉也变红，向基部不断扩展颜色也逐渐变深。

病因 （1）土壤中含磷量低。（2）土壤偏碱，含石灰质多，施入磷肥后易被固定，造成磷肥利用率低。

猕猴桃缺磷症状
（刘兰泉摄）

防治方法 （1）施用过磷酸钙或钙镁磷肥+稀释10～15倍的腐熟有机肥混合作基肥，边开沟边撒施土下即可。（2）进入生长期叶面喷施0.2%～0.3%磷酸二氢钾溶液，也可喷洒1%～3%过磷酸钙水溶液，共喷2～3次。

猕猴桃缺钾症

症状 猕猴桃初期缺钾时萌芽长势差，叶片小，伴随缺钾的加重，致叶片边缘向上卷曲，进入猕猴桃生长后期，叶片边缘开始褪绿坏死，有时焦枯，有时破碎脱落，严重影响产量和品质。

猕猴桃缺钾症状

病因 （1）酸性土或砂土有机质少易缺钾。（2）土壤出现轻度缺钾，这时施氮肥，易引起缺钾。

防治方法 （1）早期出现缺钾可及早施用氯化钾补充，每667m^{2}施入15～20kg，也可选用硝酸钾或硫酸钾。（2）叶面喷洒0.3%～0.5%硫酸钾或0.2%～0.3%磷酸二氢钾。（3）提倡喷洒草木灰浸出液。

猕猴桃缺钙症

症状 刚成熟的叶片上易发生，后慢慢向幼叶发展。其特点是叶基部叶脉颜色暗淡，有的产生坏死，变成坏死斑块，变脆或干枯脱落，枝梢枯死。枝上的新芽粗糙，生出的新芽扩展慢。

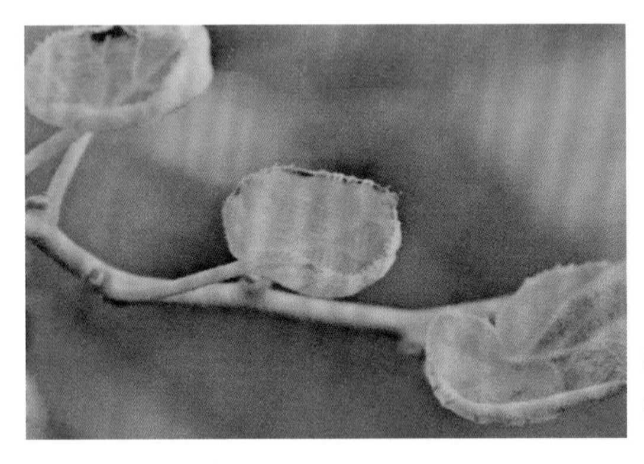

猕猴桃缺钙症状（刘兰泉）

病因 猕猴桃缺钙多发生在土壤干燥或土壤溶液浓度高时，妨碍对钙的吸收和利用。

防治方法 （1）增施有机肥，对土壤进行改良。（2）早春及时浇水，雨后及时排水，适时适量施入氮肥，促进植株吸收钙肥。（3）在猕猴桃生长季节及时喷洒0.3%～0.5%硝酸钙溶液，隔15天左右喷一次，连喷3～4次。（4）最后一次应在采收前20天效果好。

猕猴桃缺镁症

症状 猕猴桃生产中易发生缺镁症。先在老叶上出现，起初叶脉间产生浅黄色失绿症状，此症状易发生在叶缘后向叶脉扩展，随病情发展褪绿部位出现枯萎。

猕猴桃缺镁症状
（刘兰泉）

病因 在酸性或砂性土壤中，可供态镁易流失或淋溶，造成缺镁。

防治方法 （1）发病轻的可在6～7月叶面喷施1%～2%的硫酸镁溶液2～3次。（2）缺镁发生重的猕猴桃园，可把硫酸镁混入有机肥中进行根施，每667m^2施入硫酸镁1～1.5kg。

猕猴桃缺铁症

症状 幼叶染病首先出现叶脉间失绿。后逐渐变成浅黄色至黄白色，严重时整个叶片、新梢、老叶叶缘失绿，叶片变薄，容易落叶，病株变矮。

猕猴桃缺铁症状
（刘兰泉摄）

病因 当铁在土壤中生成难溶解的氢氧化铁时，不能被吸收利用，进入植株体内的铁因转移困难，造成叶片缺铁。

防治方法 （1）对酸碱度过高的猕猴桃园，可马上施入硫酸亚铁、硫黄粉、硫酸铝、硫酸铵，可使土壤pH值降低，提高有效铁浓度。（2）雨后出现缺铁，可叶面喷洒0.5%硫酸亚铁溶液或0.5%尿素+0.3%硫酸亚铁，隔10天一次连喷2～3次。

猕猴桃缺锌症

症状 猕猴桃缺锌的新梢出现小叶症。老叶上有鲜黄色的脉间褪绿，叶缘尤为明显，但叶脉仍保持深绿色。未见产生坏死斑。

猕猴桃缺锌症状
（刘兰泉摄）

病因 由于土壤中缺少可供态锌引起。缺锌时光合作用形成的有机物资不能正常运转，造成叶片失绿，生长受阻。

防治方法 （1）结合猕猴桃施基肥，每棵结果树混合施用硫酸锌0.5～1kg。（2）在盛花后21天叶面喷洒0.2%硫酸锌+（0.3%～0.5%）尿素混合液，隔10天1次，共喷3次。

猕猴桃缺氯症

症状 初在老叶顶端、主脉和侧脉间分散出现片状失绿，从叶缘向主脉、侧脉扩展，有时叶缘呈连续带状失绿，并向下反转呈杯状。幼叶变小，但并不焦枯、根系生长受阻，距根端2～3cm处组织肿大，易与根结线虫病混淆。

猕猴桃缺氯症状
（刘兰泉）

防治方法 在盛果期猕猴桃园施氯化钾，每667m^{2}施10～15kg，分2次施用，间隔25天。

猕猴桃小果多

猕猴桃品种红阳，属中华猕猴桃品种，是四川省苍溪农业局通过实生选育的红肉型特早熟品种，1997年经四川省品种审定委员会审定命名。该品种果实中轴部位呈放射状红色条纹。该品种在四川、陕西、重庆、贵阳、湖南、云南、湖北、浙江、江苏、江西等省都有栽植，价格较高，一直在果品市场上非常紧俏。

症状 红阳猕猴桃存在小果多，成为市场上亟待解决的大课题。

猕猴桃小果多

病因 （1）主要是品种特性因素，管理较粗放，平均单果重70g。（2）有机肥与施肥总量不足，猕猴桃园肥力低造成树体衰弱，平均单果重下降到60g。（3）授粉质量差、花粉质量差、花品量不足，造成授粉不足，出现果实内种子少，果实也小。（4）不注重疏蕾和留果太多，弱蕾、弱花多，小果自然就多。（5）修剪不合理。留枝过多，造成结果量也多，树冠郁闭，光合效率差、小果自然就多。

防治方法 （1）合理施肥，土壤有机质含量达到2%以上。①多施基肥，施用充分腐熟的农家肥和加工的生物有机肥，每667m^2施5000kg。②合理追肥。（2）注重授粉。适宜授粉时间为8点到15点。（3）疏蕾疏果。疏除多余花枝上的全部花蕾，疏除无叶花蕾、病虫花蕾等。（4）疏果，谢花后10天开始疏果。（5）合理修剪：剪除结果母枝上多余的结果枝、过密枝、细弱枝、病虫枝等。

猕猴桃畸形果、空心果多

症状 猕猴桃畸形果、空心果多。

猕猴桃畸形果多

病因 （1）授粉不良，果实内种子少且分布不均匀，造成果实内生长素少且不匀，果实生长发育成畸形果。（2）使用膨大剂不当，红阳果实不用膨大剂自然空心，直径1cm左右，用了膨大剂的果实空心直径1～2cm，膨大剂浓度越大空心也越大。使用方法不当，即浸果时间短，果面沾水不匀，多以浸果后水停留在果实底部时间长，使果实生长发育不匀，造成圆柱形的红阳果实60%～70%成了葫芦形。

防治方法 （1）慎用膨大剂，提倡不用膨大剂。必须用时，需使用浓度不低于150倍液的，浸果时间停顿3～5s，要浸至果梗1/2，喷水时要使果面沾水均匀。（2）进行人工辅助授粉。

猕猴桃疤痕果多

症状 猕猴桃疤痕果多。

病因 擦伤及日灼。红阳猕猴桃果皮嫩薄、无茸毛，较美味猕猴桃品种对风害、冰雹、强光等抵抗力弱，尤其是在幼果发育期，遇风吹时叶与果、果与果相互碰撞擦伤，随果实增长伤疤也长大增多，严重时疤痕果率达70%～80%。强光可造成日灼，日灼果率10%左右。

猕猴桃疤痕果

防治方法 （1）防风。建园选址时避免在常遇6级以上风力处规划建园。迎风面营造防风林。（2）摘叶。坐果后及时将挨果的叶片摘除。（3）套袋。重点有4个环节：①套袋时间要在谢花后20天；②套袋时喷1次杀虫、杀菌剂，防止把病虫套入袋内，危害果实；③将纸袋封口处浸湿10cm长；④套袋时不要弄伤果皮、果梗。（4）及时防治病虫害。3～4月田间挂频振式杀虫灯杀灭苹小卷蛾。谢花后10天用50%辛硫磷乳油1000倍液杀灭幼虫，防止疤痕果。

猕猴桃园冻害

以多年来对陕西眉县猕猴桃园调查为例，猕猴桃冻害主要分布在陕西秦岭北麓浅山区。猕猴桃冻害发生较重的区域主要分布在河滩地、地势低洼地及秦岭河谷地带，以眉县西北部渭河滩地最严重，其他区域也有不同程度冻害发生。

症状 不同部位冻害表现：未上架幼树主要表现为主干和夏秋梢受冻后皮层褐变、坏死；已上架幼树主要是夏秋梢发生抽条，部分主干、主蔓皮层木质部受冻变色。受冻部位大多以主干冻伤为主，主要在地面以上至50cm以下，受冻部位皮

猕猴桃冻害

层纵向开裂，最严重的皮层开裂长达30cm，受冻部位有树液渗出，表皮看似完好，刮开后内皮层褐变。一般树体受冻部位多位于树干西北方向，向南方向一般冻害轻或未受冻。

不同品种冻害表现：连续3年以徐香初果期树受冻害最为普遍，冻害区域受害率达30%；海沃德幼树、秦美萌蘖枝也有轻微冻害发生；红阳、华优很少有冻害发生。

不同树龄冻害表现：幼树冻害最重，盛果期树冻害较轻。主要以3～5年生徐香初结果树和长势旺的幼树冻害较严重，实生苗和盛果期树冻害较轻或未受冻害。1～2年生（刚嫁接）幼树冻害最为严重，有些3年生已上架幼树冻害也很严重。

病因 （1）气候因素引起冻害。①初冬11月遭受较强冷空气侵袭和较强降雪过程，致使气温剧烈下降，极不利于猕猴桃正常进入休眠。②比正常年份提早降温（20多天），且降温幅度较大，一般在8～12℃，给猕猴桃生产造成严重的损失。③晚霜冻害，在3月底至4月中旬，此期正值猕猴桃新梢生长初期，气温突然下降，造成猕猴桃新梢、花蕾、叶片受冻，轻者长势衰弱、减产，重者绝收，同时造成树势衰弱，滋生病害。（2）猕猴桃树生理受害。11月上中旬正值猕猴桃树体养分积累、花芽分化和养分缓慢回流的关键时期，地温仍然较高，树体尚未正常休眠，细胞还处在活跃期，突然遭遇低温，造成猕猴桃枝蔓、树干、芽体、叶片受冻，树体储藏养分不足，对花芽分化质量有很大影响，同时造成树势衰弱，滋生猕猴桃溃疡病，下一年萌芽率降低，果实品质下降、减产。（3）冬季修剪过早。近几年气候较反常，表现初冬寒流来临提前，树叶提前霜打枯萎脱落，而树体内树液的流动还很旺盛，许多果家就提前进行冬剪（12月中旬全县70%果园已完成冬剪）。修剪过早，树体养分储藏较少，养分回流没有完成，导致抗冻能力下降。（4）土壤管理粗放。①猕猴桃园土壤深翻后，土块较大，未打碎旋细，导致冷空气从土块缝隙中进入，使大量的毛细根和吸收根受冻死亡，导致树势变弱，抗逆性降低；②大多数果农没有对越冬的猕猴桃树灌封冻水，土壤墒情较低，土壤热容量小，不能使猕猴桃树安全越冬。（5）新建幼园入冬后没有将枝蔓埋土防寒，据调查，初果期、盛果期猕猴桃树根部培土的果园不足10%（如进入1月后降温强度过大，时间过长，将会造成严重冻害）；没有及时采取树干涂白、树干缠草、喷防冻剂等防护措施。

防治方法 （1）冬季防护措施。①主干埋土或包扎。对猕猴桃1～3年生幼树进行全部检查，剪去冻伤、冻死枝蔓，埋土防寒；对于已上架幼树可采用树干包扎稻草、报纸、防护袋、棉布条等进行防冻。②树体涂白。对已上架的猕猴桃树进行树体涂白、根颈部培土，主要涂抹主干和枝蔓处。涂白剂配方：水10份+生石灰2份+食盐0.5份+石硫合剂1份+动植物油少许。③及时清扫积雪。降雪过后及时清扫树体积雪，避免芽体受冻。④适时冬剪，增加留枝量。根据气候变化，适当调整冬剪时间，建议在12月下旬至1月上中旬修剪为宜。由于部分枝蔓芽体受冻，影响萌芽率和花芽分化质量，可适当增加留枝量的15%～20%。⑤适时冬灌。根据土壤墒情及时浇水，可减轻冻害。⑥喷防冻剂。树体落叶后和修剪后及时全园喷布果树防冻剂1～2次，可有效减轻冻害损失。防冻剂有螯合盐制剂、乳油胶制剂、可降解高分子液体塑料制剂和生物制剂。⑦加强病虫害防治。冻害发生后，树体伤口增加，抗性降低，最容易加重病害发生。要强化以细菌性溃疡病为主的猕猴桃病虫害防治工作，可选用5波美度石硫合剂、波尔多液、菌立灭、施纳宁、噻菌铜、氢氧化铜等药剂交替使用，在修剪后喷1次药，发病初期（2月中旬至3月上中旬）喷2～3次。（2）早春预防晚霜冻害措施。①早春灌水。根据天气预报，如有寒流或霜冻到来，可提前浇水，减轻冻害。据试验，浇水后10天内土壤平均温度降低2～4℃，可抑制根系活动，延迟萌芽，提高树体抗寒性。同时霜前灌水，使土壤水分含量升高，由于水的热容量大，凌晨最低温时水分释放出热量增温，可使近地面处的温度有一定程度升高，减轻晚霜危害。②预防晚霜冻害。萌芽后注意天气变化及时预防晚霜冻害，晚霜冻害一般发生在3月下旬至4月上中旬的凌晨。萌芽后每天多次关注天气预报，了解当天最低气温情况，最低气温在0℃及以下会发生严重晚霜冻害；最低气温2℃及以下有可能发生晚霜冻害，尤其是低凹坑地要特别注意预防；最低气温3℃及以上就可能避免晚霜冻害的发生。晚霜到来前白天可用碧护7500～15000倍液喷布新梢，也可用防冻剂喷雾预防冻害；晚上当猕猴桃园气温降至1℃时，每667m^2放置4～5个湿柴草堆点燃熏烟。只要白天喷碧护或防冻剂与凌晨熏烟结合在一起，晚霜冻害就能有效减轻。如果发生比较轻的晚霜冻害，第2天及时喷碧护7500～15000倍液1次，过3～7天后再喷1次碧护15000倍，能有效减轻冻害损失。因此，要高度重视晚霜冻害的预防工作，确保丰产丰收。

2. 猕猴桃害虫

猕猴桃蛀果蛾

学名 *Grapholitha molesta* Busck，属鳞翅目、卷蛾科。别名：梨小蛀果蛾、梨小食心虫、桃折梢虫、东方蛀果蛾、猕猴桃蛀果虫，简称“梨小”。分布：除新疆、西藏外，各省均有发生。

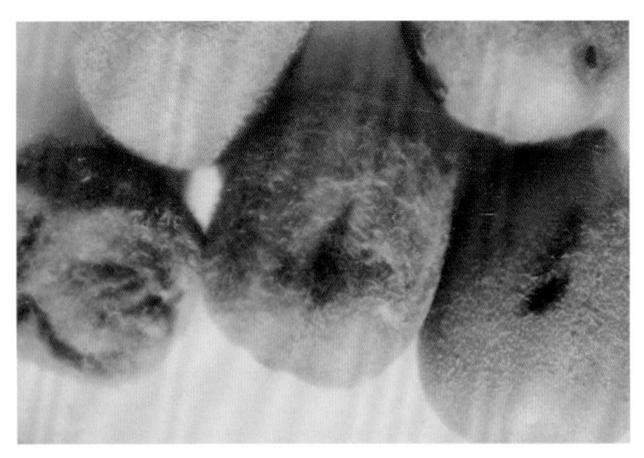

猕猴桃梨小食心虫为害猕猴桃果实状

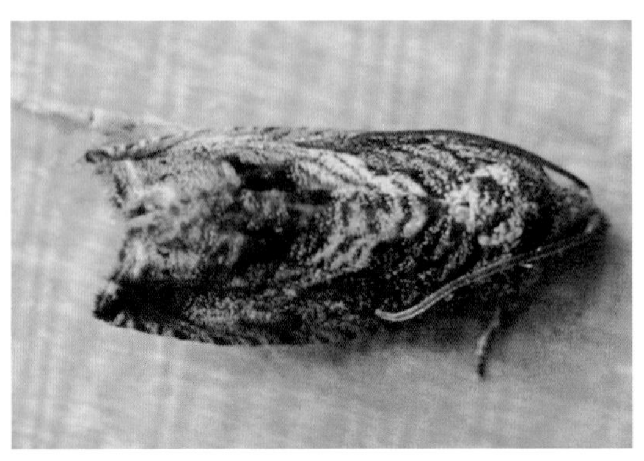

猕猴桃梨小食心虫成虫

猕猴桃蛀果蛾（梨小）幼虫

寄主 猕猴桃、梨、李、桃、杏、梅、苹果、枇杷等。

为害特点 在猕猴桃园中，只为害果实。蛀入部位多在果腰，蛀孔处凹陷，孔口黑褐色。侵入初期有果胶质流挂在孔外，此物干落后有虫粪排出。蛀道一般不达果心，在近果柱处折转，虫坑由外至内渐黑腐，被害果不到成熟期就提早脱落。在贵州都匀等地的一些果场，猕猴桃被害果率高达20%～30%，遍地落果，损失较严重。

生活习性 此虫在我国北方年发生3～4代，南方5～7代，各代寄主及幼虫蛀害部位有较大差别。在贵州，年发生5代：越冬代成虫4月上、中旬开始羽化，产卵于桃梢尖叶背上。第1代幼虫孵化后，从近梢之叶腋处蛀入，向下潜食，在蛀孔外排出桃胶和粪便。6月成虫羽化后，部分迁入猕猴桃园，将卵散产在果蒂附近；第2代幼虫孵化后，向下爬至果腰处咬食果皮，蛀入果肉层中取食，老熟后爬出孔外，在果柄基部、藤蔓翘皮处及枯卷叶间作茧化蛹；7月中、下旬至8月初，第3代幼虫还可为害猕猴桃果实，但虫量远没有第2代多；第4代为害其他寄主，以第5代老熟幼虫越冬。

防治方法 （1）建猕猴桃园时，应避免与桃、梨等果树形成混生园，防止食心虫的交错危害。（2）重点防治第2代幼虫为害。可在其孵化期喷施5%氯虫苯甲酰胺悬浮剂或24%氰氟虫腙悬浮剂1000倍液，共喷2次，间隔10天1次，效果良好。（3）其他果树梨小食心虫的防效好坏直接影响猕猴桃果实的受害程度，应综合防治，通盘考虑。

泥黄露尾甲

学名 *Nitidulidae leach*，属鞘翅目、露尾甲科。别名：落果虫、泥蛀虫、黄壳虫。分布于贵州等地。

寄主 猕猴桃、石榴、梨、桃、柑橘。

为害特点 以成虫和幼虫蛀食落地果和下垂至近地面的鲜果，成虫为害后将粪屑排出蛀孔外，幼虫为害导致果肉腐烂，引起脱落。

形态特征 成虫：体长7.4～7.8mm，宽3.8～4.0mm，体扁平，初羽化时色浅，后转呈泥黄褐色。复眼黑色，向两侧高度隆起，圆形。触角共11节，生于复眼内侧前方，前胸背板长约为宽的一半，四周具饰边，密布大而浅的刻点，疏生向后倒伏的黄色绒毛和长刚毛；背板前缘中区形成深而宽的内凹。侧缘均匀横隆呈弧形，后缘呈较平直的波浪状。小盾片大，心脏形。腹面胸板、腹板和足上被短刚毛。胸足跗节3节，各具爪1对。鞘翅侧缘具饰边，向尾部均匀缢缩，到翅缝末端呈“W”形；翅背部隆起，在尾端形成坡面；翅面具10条刻点行，刻点沟不内陷，每一刻点中生一根向后倒伏的长刚毛。沟间部上生细绒毛。幼虫：老熟幼虫长11～12mm，宽3.6～4.0mm，稍扁平。头部褐色，触角3节，第2节最粗大。前胸背侧沿和后沿区乳黄白色，其余黑褐色，背中线区无色。无腹足，具胸足3对，中胸和后胸节亚背线上具一块黑斑，斑缘后侧生1枚刺突；气门上线处也具1块黑褐斑。腹部1～8节各气门下线处生1黑褐色柱突，气门上线处也具1个大黑褐斑，此斑后侧

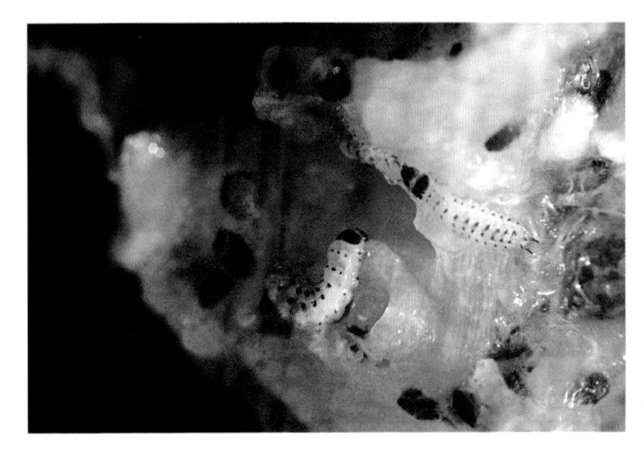

泥黄露尾甲幼虫为害猕猴桃果实

泥黄露尾甲成虫放大

长1枚强柱突，柱突上各具3根短刺；末腹节背面生有2对高度突起的肉角，呈四方形着生，以后面1对最粗大。

生活习性 世代不详，以成虫在土中越冬。果实着色至成熟期，成虫将卵聚产在落地果或下垂近地的鲜果上，产前先咬一伤口，卵产其中。幼虫孵化后，钻入果肉纵横蛀食，老熟后脱果入土化蛹。成虫有假死性，可直接咬孔在果肉中啃食为害。幼虫耐高湿，可以在果浆中完成发育。成虫不飞翔，靠爬行为害鲜果。

防治方法 （1）随时捡拾落地果，集中处理果中成虫和幼虫。（2）冬季剪除近地面的下垂枝；生长期发现下垂近地果枝，即用竹枝顶高，防成虫趋味爬行产卵或蛀食。（3）幼虫为害期喷洒24%氰氟虫腙悬浮剂1000倍液或20%氰・辛乳油1200倍液、30%茚虫威水分散粒剂1600倍液。

肖毛翅夜蛾

学名 *Lagoptera juno*（Dalman），属鳞翅目、夜蛾科。分布在江苏、浙江、江西、广东、云南、湖北、湖南、四川、贵州等地。

寄主 猕猴桃、柑橘、葡萄、桃、李。

为害特点 成虫吸取寄主的果实汁液，幼虫为害柑橘。

肖毛翅夜蛾成虫吸食猕猴桃果实汁液（吴增军摄）

形态特征 成虫：体长30～33mm，翅展宽81～85mm，头部赭褐色，腹部红色，背面大部暗灰棕色，前翅赭褐色布满黑点。前、后缘红棕色，基线红棕色达亚中褶。内线红棕色，前段略曲，从中室起直线外斜，环形纹为1黑点，肾形纹暗褐边，后部生1黑点。外线红棕色，直线内斜，后端稍内伸，顶角至臀角生1内曲弧线，黑色，亚端区生1不明显暗褐纹，端线为1列黑点。后翅黑色。末龄幼虫：长56～70mm。头黄褐色，体深黄色，背、侧面生不规则褐斑。后端细，第5腹节背面圆斑黑色，第8腹节2个黄色毛突，背线、亚背线、气门线黑色。

生活习性 低龄幼虫栖息在植株上部，性敏感，一触即吐丝下垂，老熟幼虫多栖息在枝干，把身体紧贴在树枝上，老熟后卷叶化蛹。

防治方法 参见猕猴桃蛀果蛾。

鸟嘴壶夜蛾

学名 *Oraesia excavata* Butler，属鳞翅目、夜蛾科。

寄主 猕猴桃、荔枝、芒果等，成虫吸食上述寄主汁液。

形态特征 成虫：体长23 ~ 26mm，翅展48 ~ 54mm，头部、前胸赤褐色，中后胸赭褐色。下唇须前伸，特别尖长如鸟嘴状。雌蛾触角丝状，雄蛾单栉齿状。前翅紫褐色，翅尖鹰嘴形，外缘拱突，后缘凹陷较深。翅面有黑褐色线纹，前缘线瓦片状，肾纹明显，翅尖后面有1个小白点，外线双线，从翅尖斜向后缘。后翅浅黄褐色，沿外缘和顶角棕褐色。

生活习性 广东年生5 ~ 6代，浙江年生4代，以幼虫在木防己、汉防己等植物基部或附近杂草丛中越冬。福建成虫于

鸟嘴壶夜蛾成虫

鸟嘴壶夜蛾幼虫

8月底9月初出现，为害柑橘、葡萄、荔枝、龙眼等果实。成虫夜间活动，有一定趋光性。

防治方法 （1）清除幼虫寄主木防己，用41%草甘膦与70%二甲四氯按1 ∶ 1混合稀释10倍涂在木防己茎部和老蔸以上10 ～ 30cm处，能有效控制鸟嘴壶夜蛾成虫发生量。（2）可在夜间安装波长5.934Å（1Å＝0.1nm）黄色荧光灯1 ～ 2只，对吸果夜蛾成虫有拒避作用。

金毛虫

学名 *Porthesia similis xanthocampa* Dyar，属鳞翅目、毒蛾科。别名：桑斑褐毒蛾、纹白毒蛾。

防治方法 低龄幼虫期喷洒24%氰氟虫腙悬浮剂1000倍液。

金毛虫（黄尾毒蛾）幼虫为害猕猴桃叶片状

金毛虫（黄尾毒蛾）成虫（许渭根摄）

葡萄天蛾

学名 *Ampelophaga rubiginosa rubiginasa* Bremer et Grey，属鳞翅目、天蛾科。别名：车天蛾。

葡萄天蛾中龄幼虫

寄主 葡萄、猕猴桃。

为害特点 幼虫食叶成缺刻与孔洞，高龄时仅残留叶柄。

防治方法 低龄幼虫期喷洒5%氯虫苯甲酰胺悬浮1000倍液。

古毒蛾

学名 *Orgyia antiqua* Linnaeus，属鳞翅目、毒蛾科。别名：落叶松毒蛾、缨尾毛虫、褐纹毒蛾。分布于东北、西北、华北、华东、四川、西藏。

寄主 猕猴桃、苹果、梨、山楂、李、榛、杨等。

为害特点 幼龄主要食害嫩芽、幼叶和叶肉，稍大食叶成缺刻和孔洞，严重时把叶片食光。

形态特征 成虫：雌体纺锤形，体长10～20mm，头胸部较小，体肥大，翅退化，仅有极小翅痕，体被灰黄色细毛，无鳞片，复眼球形黑色，触角丝状暗黑色，足被黄毛，爪腹面

古毒蛾幼虫食害猕猴桃叶片

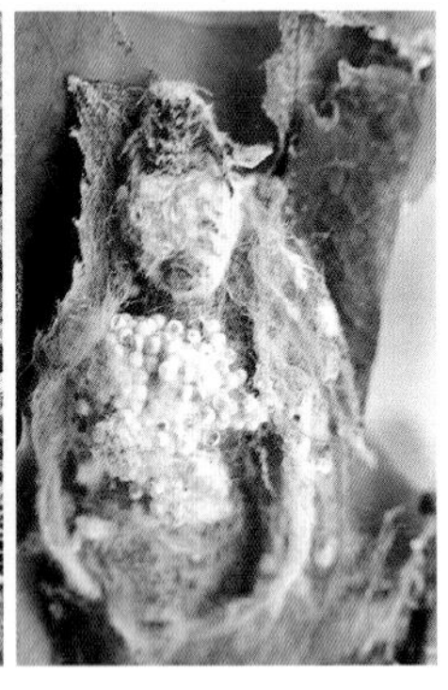

古毒蛾雄成虫（左）与雌成虫（右）

有短齿。雄体长10～12mm，翅展25～30mm。体锈褐色，触角羽状。前翅黄褐色，有3条波浪形浓褐色微锯齿条纹，近臀角有一半圆形白斑，中室外缘有一模糊褐色圆点。缘毛黄褐有深褐色斑。后翅黄褐至橙褐色。幼虫：体长25～36mm，头黑褐色、体黑灰色，有红、白花纹，腹面浅黄，胴部有红色和淡黄色毛瘤。前胸盾橘黄色，其两侧及第8腹节背面中央各有一束黑而长的毛。第1～4腹节背面具黄白色刷状毛丛4块。第1、第2节侧面各有1束黑长毛。

生活习性 东北北部年生1代，华北3代，以卵在茧内越冬。雌将卵产在茧内，偶有产于茧上或附近的，每雌产卵150～300粒。初孵幼虫2天后开始取食，群集于芽、叶上取食，能吐丝下垂借风力传播。稍大分散为害，多在夜间取食，常将叶片吃光。老熟后多在树冠下部外围细枝或粗枝分杈处及皮缝中结茧化蛹。幼虫共5～6龄。其寄生性天敌有50余种，主要有小茧蜂、细蜂、姬蜂及寄生蝇等。

防治方法 （1）冬春人工摘除卵块。（2）保护天敌。（3）幼虫发生期喷洒20%氰·辛乳油100～1500倍液或80%敌敌畏乳油1500倍液。

黑额光叶甲

学名 *Smaragdina nigrifrons*（Hope），属鞘翅目、肖叶甲科。分布于辽宁、河北、北京、山西、陕西、山东、河南、江苏、安徽、浙江、湖北、江西、湖南、福建、台湾、广东、广西、四川、贵州。

寄主 猕猴桃、枣、玉米、算盘子、栗及白茅属、蒿属植物等。

为害特点 成虫为害叶片。常把叶片咬成1个个孔洞或缺刻，一般是在叶面先啃去部分叶肉，然后再把余部吃掉，虫口数量多时叶上常留下数个大孔洞。

黑额光叶甲成虫栖息在叶片上

形态特征 成虫：体长6.5～7mm，宽3mm，体长方形至长卵形；头漆黑，前胸红褐色或黄褐色，光亮，有的生黑斑，小盾片、鞘翅黄褐色至红褐色，鞘翅上具黑色宽横带2条，一条在基部，一条在中部以后，触角细短，除基部4节黄褐色外，余黑色至暗褐色。腹面颜色雌雄差异较大，雄虫多为红褐色，雌虫除前胸腹板、中足基节间黄褐色外，大部分黑色至暗褐色。本种背面黑斑、腹部颜色变异大。足基节、转节黄褐色，余为黑色。头部在两复眼间横向下凹，复眼内沿具稀疏短竖毛，唇基稍隆起，有深刻点，上唇端部红褐色，头顶高凸，前缘有斜皱。前胸背板隆凸。小盾片三角形。鞘翅刻点稀疏呈不规则排列。

生活习性 该虫仅以成虫迁入猕猴桃园为害叶片，但不在园中产卵繁殖，成虫有假死性。多在早晚或阴天取食。

防治方法 （1）虫量不大时可在防治其他害虫时兼治。（2）虫量大时在害虫初发期喷洒5%天然除虫菊素乳油1000倍液或24%氰氟虫腙悬浮剂1000倍液、5%啶虫脒乳油2500倍液。

黑绒金龟

学名 *Serica orientalis* Motschulsky，异名*Maladera orientalis* Motsch.，属鞘翅目、金龟科。别名：东方金龟子、天鹅绒金龟子、姬天鹅绒金龟子、黑绒金龟子。分布：除西藏、云南未见记录外，其余各省、区均有。

寄主 苹果、梨、山楂、桃、猕猴桃、杏、枣等149种植物。

为害特点 成虫食嫩叶、芽及花；幼虫为害植物地下组织。

黑绒金龟成虫及为害叶片状

形态特征 成虫：体长6～9mm，宽3.5～5.5mm，椭圆形，褐色或棕褐色至黑褐色，密被灰黑色绒毛，略具光泽。头部有脊皱和点刻；唇基黑色边缘向上卷，前缘中间稍凹，中央有明显的纵隆起；触角9节鳃叶状，棒状部3节，雄虫较雌虫发达，前胸背板宽短，宽是长的2倍，中部凸起向前倾。小盾片三角形，顶端稍钝。鞘翅上具纵刻点沟9条，密布绒毛，呈天鹅绒状。臀板三角形，宽大具刻点。胸部腹面密被棕褐色长毛。腹部光滑，每一腹板具1排毛。前足胫节外缘2齿，跗节下有刚毛，后足胫节狭厚，具稀疏点刻，跗节下边无刚毛，而外侧具纵沟。各足跗节端具1对爪，爪上有齿。幼虫：体长14～16mm，头宽2.5～2.6mm，头部黄褐色，体黄白色，伪单眼1个由色斑构成，位于触角基部上方。肛腹片覆毛区的刺毛列位于覆毛区后缘，呈横弧形排列，由16～22根锥状刺组成，中间明显中断。

生活习性 年生1代，主以成虫在土中越冬，翌年4月成虫出土，4月下旬～6月中旬进入盛发期，5～7月交尾产卵，卵期10天，幼虫为害至8月中旬～9月下旬老熟后化蛹，蛹期15天，羽化后不出土即越冬，少数发生迟者以幼虫越冬。早春温度低时，成虫多在白天活动，取食早发芽的杂草、林木、蔬菜等，成虫活动力弱，多在地面上爬行，很少飞行，黄昏时入土潜伏在干湿土交界处。入夏温度高时，多于傍晚活动，16时后开始出土，傍晚群集为害果树、林木及蔬菜及其他作物幼苗。成虫经取食交配产卵，卵多产在10cm深土层内，堆产，每堆着卵2～23粒，多为10粒左右，每雌产卵9～78粒，常分数次产下，成虫期长，为害时间达70～80天，初孵幼虫在土中为害果树、蔬菜的地下部组织，幼虫期70～100天。老熟后在20～30cm土层做土室化蛹。

防治方法 （1）刚定植的幼树，应进行塑料薄膜套袋，至成虫为害期过后即时拆下套袋。控制幼虫以药剂处理土壤或粪肥为主。（2）采用白僵菌、苏云金杆菌、青虫菌等生物制剂，晚间喷雾。（3）必要时喷洒80%敌百虫800倍液。

铜绿丽金龟

学名 *Anomala corpulenta* Motschulsky，属鞘翅目、丽金龟科。别名：铜绿金龟子、青金龟子、淡绿金龟子。分布：除新疆、西藏外，其余各省、区均有。

寄主 苹果、梨、山楂、桃、李、杏、樱桃、葡萄、猕猴桃、核桃、草莓、荔枝、龙眼、枇杷、柑橘、醋栗和豆类等。

铜绿丽金龟成虫放大

为害特点 成虫食芽、叶成不规则的缺刻或孔洞，严重的仅留叶柄或粗脉；幼虫生活在土中，为害根系。

防治方法 参见黑绒金龟。

大黑鳃金龟

学名 *Holotrichia diomphalia* Bates，属鞘翅目、鳃金龟科。别名：朝鲜黑金龟子。分布于黑龙江、辽宁、内蒙古、山西、河北、山东、河南、江苏、安徽、浙江、江西、湖北、宁夏等地。

寄主 猕猴桃、苹果、梨、桃、李、杏、梅、樱桃、核桃以及多种作物。

为害特点 参见黑绒金龟。

形态特征 成虫：体长17～21mm，宽8.4～11mm，长椭圆形，体黑至黑褐色，具光泽，触角鳃叶状，10节，棒状部3节。前胸背板宽，约为长的2倍，两鞘翅表面均有4条纵肋，上密布刻点。前足胫足外侧具3齿，内侧有1棘与第2齿相对，各足均具爪1对，为双爪式，爪中部下方有垂直分裂的爪齿。卵：椭圆形，长3mm，初乳白色后变黄白色。幼虫：体长

大黑鳃金龟成虫

35～45mm，头部黄褐色至红褐色，具光泽，体乳白色，疏生刚毛。肛门3裂，肛腹片后部无尖刺列，只具钩状刚毛群，多为70～80根，分布不均。蛹体长20～24mm，初乳白后变黄褐色至红褐色。

生活习性 北方地区1～3年发生1代，以成虫或幼虫越冬。翌春10cm土温达13～16℃时，越冬成虫开始出土，5月中旬～6月中旬为盛期，8月为末期。成虫白天潜伏土中，黄昏开始活动，有趋光性和假死性。6～7月为产卵盛期，卵期10～22天，幼虫期340～400天，蛹期10～28天。土壤湿润利于幼虫活动，尤其小雨连绵天气为害加重。

防治方法 参见黑绒金龟。

猕猴桃园人纹污灯蛾

学名 *Spilarctia subcarnea*（Walker），属鳞翅目、灯蛾科。别名：红腹白灯蛾。分布在全国大部分省区。

寄主 猕猴桃、草莓、豆类、玉米、棉花及蔬菜等。

为害特点 幼虫取食猕猴桃叶片成缺刻，为害新梢顶芽。

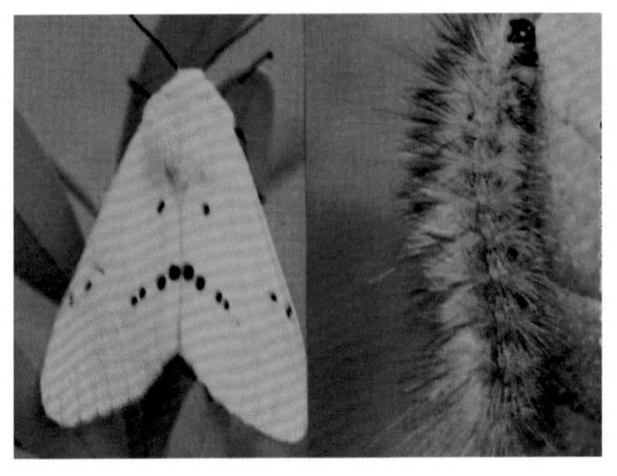

人纹污灯蛾雌成虫和幼虫

形态特征 雌成虫体长20～23mm，翅展55～58mm，雄蛾略小，触角短，锯齿状；雌蛾触角羽毛状。各足末端皆黑色，前足腿节红色。腹部背面深红色，身体余部黄白色，腹部每节中央有1块黑斑，两侧各生黑斑2块，前翅白色，基部红色。从后缘中央向顶角斜生1列小黑点2～5个，静止时左右两翅上黑点拼成"∧"形，后翅略带红色，缘毛白色。卵：扁圆形，直径0.6mm。末龄幼虫：体长50mm，头黑色，体黄褐色，密生棕褐色长毛，背线棕黄色，亚背线暗褐色，胸腹各节生10～16个毛瘤，胸足、腹足黑色。蛹：长18mm，赤褐色，椭圆形，尾端具短刺12根。

生活习性 江淮流域年生2～3代，以幼虫越冬，第1代成虫于2月羽化，3月上旬交尾产卵。第2代于5月中旬羽化。北方则以蛹在土下越冬。翌年3月中旬开始羽化，4月上旬进入越冬代成虫盛发期。第1代幼虫4～5月开始为害，6～7月出现第1代成虫。第2代幼虫于8～9月为害，9月份以后化蛹越冬。成虫白天隐蔽在枝叶中，夜出活动。成虫羽化后3～4天产卵在叶背，每卵块400粒左右。卵期5～6天，初孵幼虫群聚叶背食害叶肉，3龄后分散为害，共7龄。

防治方法 （1）摘除卵块及3龄前群聚在一起的有虫叶，集中烧毁。（2）冬季耕翻土壤杀灭越冬蛹，也可在老熟幼虫下树入土化蛹前，在树干上束草诱集幼虫化蛹，解下后烧毁。（3）于幼虫3龄前喷洒90%敌百虫可溶性粉剂800倍液或2.5%高效氯氟氰菊酯乳油或20%氰戊菊酯乳油2000倍液。

藤豹大蚕蛾

学名 *Loepa anthera* Jordan，属鳞翅目、大蚕蛾科。分布在福建、浙江等猕猴桃栽植区。

藤豹大蚕蛾成虫

寄主 为害猕猴桃等藤科植物。

为害特点 老熟幼虫为害猕猴桃叶片成缺刻。

形态特征 成虫：体黄色，翅展宽85～90mm，前翅前缘灰褐色，内线紫红色，外线呈黑色波纹，亚端线呈双行波纹状，端线粉黄色不相连接，顶角钝圆，内侧生橘红色和黑色斑，中室端有1不规则形圆形，中央灰黑色，内侧生1白色线纹，后翅与前翅斑纹相似。幼虫：体黑褐色，各体节上生毛瘤，每个毛瘤上具数根褐色短刺及红褐色刚毛。腹节侧面生有白斑。

生活习性 1年发生1代，以卵或蛹越冬。4月下旬～6月下旬幼虫在猕猴桃、核桃上为害，老熟后做茧化蛹，6月上旬羽化。成虫常在夜间活动。

防治方法 猕猴桃产区藤豹大蚕蛾为害重的地区，于5月初幼虫为害期喷洒9%高氯氟氰·噻乳油1500倍液或20%氰·辛乳油1200倍液。

拟彩虎蛾

学名 *Mimeusemia persimilis* Butler，属鳞翅目、虎蛾科。分布在黑龙江、浙江、四川等地。

拟彩虎蛾成虫

寄主 猕猴桃。

为害特点 以幼虫取食叶片、花蕾及嫩梢，把叶片食成大片缺刻或食光，为害花时常把花蕾啃食成直径2mm的孔洞。

形态特征 成虫：体长22mm，翅展55mm，体黑色。头顶及额各生1浅黄斑。前翅黑色，中室基部生1浅黄斑，中室前缘中部生1浅黄短条，其后生1长方形的浅黄斑，中室外方生2个浅黄大斑，顶角、臀角外缘毛白色；后翅杏黄色。幼虫：体粗大，头部红褐色，体黄褐色；有虎状纹花斑。蛹：红褐色，纺锤形。

生活习性 年生1代，以老熟幼虫在土中化蛹越冬，翌年4月中旬羽化为成虫，把卵产在叶上，孵化后先为害花蕾。花蕾期过后开始为害叶片和嫩梢。为害期4月下旬～6月上旬。

防治方法 拟彩虎蛾为害重的猕猴桃产区，可从4月下旬开始调查，掌握在幼虫低龄期喷洒20%丁硫·马乳油1500倍液或20%氰戊·辛硫磷乳油1200倍液。

小绿叶蝉

学名 *Empoasca flavescens*（Fab.），属同翅目、叶蝉科。

小绿叶蝉为害猕猴桃叶片状

小绿叶蝉成虫

别名：茶叶蝉、桃小浮尘子、桃小叶蝉、桃小绿叶蝉等。异名*E. pirisuga* Matsu.。分布：除西藏、新疆、青海未见报道外，广布全国各地。

寄主 猕猴桃、桑、桃、杏、李、樱桃、梅、杨梅、葡萄、苹果、槟沙果、梨、山楂、柑橘、豆类、棉花、烟、禾谷类、甘蔗、芝麻、花生、向日葵、薯类。

为害特点 成虫、若虫吸芽、叶和枝梢的汁液，被害初期叶面出现黄白色斑点，渐扩成片，严重时全叶苍白早落。

防治方法 数量大时喷洒5%啶虫脒乳油2000～3000倍液或4%阿维·啶虫乳油1200～1500倍液。

斑衣蜡蝉

学名 *Lycorma delicatula*（White），属同翅目、蜡蝉科。别名：椿皮蜡蝉、斑衣、樗鸡、红娘子等。分布在辽宁、甘肃、陕西、山西、北京、河北、河南、山东、安徽、江苏、上海、浙江、江西、湖北、湖南、福建、台湾、广东、广西、四川、云南。

寄主 猕猴桃、核桃、李、海棠、石榴、葡萄、苹果、山楂、桃、杏、梨、无花果等。

为害特点 成虫、若虫刺吸枝、叶汁液，排泄物常诱致煤污病发生，削弱生长势，严重时引起茎皮枯裂，甚至死亡。

斑衣蜡蝉4龄若虫放大

斑衣蜡蝉雌成虫

形态特征 成虫：体长15～20mm，翅展39～56mm，雄体较雌体小，暗灰色，体翅上常覆白蜡粉。头顶向上翘起呈短角状，触角刚毛状3节红色，基部膨大。前翅革质，基部2/3淡灰褐色，散生20余个黑点，端部1/3黑色，脉纹色淡。后翅基部1/3红色，上有6～10个黑褐斑点，中部白色半透明，端部黑色。卵：长椭圆形，长3mm左右，状似麦粒，背面两侧有凹入线，使中部形成一长条隆起，隆起之前半部有长卵形盖。卵粒排列成行，数行成块，每块有卵数十粒,上覆灰色土状分泌物。若虫：与成虫相似，体扁平，头尖长，足长。1～3龄体黑色，布许多白色斑点。4龄体背面红色，布黑色斑纹和白点，具明显的翅芽于体侧，末龄体长6.5～7mm。

生活习性 年生1代，以卵块于枝干上越冬。翌年4～5月陆续孵化。若虫喜群集嫩茎和叶背为害，若虫期约60天，脱皮4次羽化为成虫，羽化期为6月下旬～7月。8月开始交尾产卵，多产在枝杈处的阴面。以卵越冬。成虫、若虫均有群集性，较活泼，善于跳跃，受惊扰即跳离，成虫则以跳助飞。多白天活动为害。成虫寿命达4个月，为害至10月下旬陆续死亡。

防治方法 （1）发生严重地区，注重摘除卵块。（2）结合防治其他害虫兼治此虫，可喷洒20%氰·辛乳油1200倍液。有较好效果。由于若虫被有蜡粉，所用药液中如能混用含油量0.3%～0.4%的柴油乳油剂或黏土柴油乳剂，可显著提高防效。

橘灰象

学名 *Sympiezomia citri* Chao，属鞘翅目、象甲科。别名：柑橘灰象甲、猕猴桃梢象甲。分布于南方各地。

脱鳞的橘灰象成虫

寄主 猕猴桃、柑橘类及桃、枣、龙眼、桑、棉、茶、茉莉等植物。

为害特点 以成虫啃食猕猴桃春梢和夏梢之茎尖与嫩叶，将其咬成残缺不全的凹陷缺刻或孔洞，影响枝蔓的生长发育。

防治方法 喷洒24%氰氟虫腙悬浮剂1000倍液。

猕猴桃透翅蛾

学名 *Paranthrene actinidiae* Yang et Wang，属鳞翅目、透翅蛾科。别名：猕猴桃准透翅蛾。分布于贵州、福建。

寄主 猕猴桃。

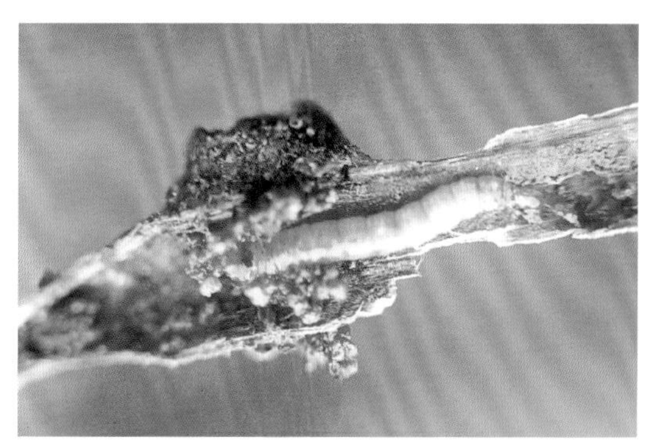
猕猴桃透翅蛾幼虫蛀茎

为害特点 以幼虫蛀食寄生当年生嫩梢、侧枝或主干，将髓部蛀食中空，粪屑排挂在隧道孔外。植株受害后，引起枯梢和断枝，造成树势衰退，产量降低，品质变劣。

形态特征 成虫：体长17～22mm，翅展33～38mm，全体黑褐色。雌虫头部黑色，基部黄色，额中部黄色，四周黑色；胸部背面黑色，前、中胸两侧各具1个黄斑，后胸腹面具1大黄斑。翅基部后方散生少许黄色鳞粉，前翅黄褐色，不透明，后翅透明，略显浅黄烟色，A1脉金黄色。腹部黑色具光泽，第1、第2、第6节背后缘具黄色带，第5、第7节两侧生黄色毛簇，第6节间生红黄色毛簇，腹端生红棕色杂少量黑色毛丛。雄虫前翅大部分烟黄色，透明；后翅透明，微显烟黄色，腹部黑色具光泽，第1、第2、第7节后缘隐现黄带，第6腹节黄色，第4、第6腹节两侧生黄毛簇，尾毛黑色强壮。幼虫：体长28～32mm，乳黄色。头部黑褐色，前胸黑褐色，胸背中部生1根长刚毛，两侧前缘各具1个三角形斑，其下生1圆斑。

生活习性 年发生1代，以老熟和成长幼虫在寄主茎内越冬，由于山区立体小气候不同，发育进度有较大差异。在贵州剑河等县，4月下旬～5月上旬化蛹，5月下旬始羽化；三都等低热县老熟幼虫3月底4月初始化蛹，4月中旬～5月上旬为化蛹盛期。蛹历期22～35天，羽化时间多在上午10时至下午2时。成虫羽化后，约20min开始展翅，阴天全日活动，晴天以上午和日落后较为活跃。卵散产，多产在当年生嫩枝梢叶柄基部的茎上，老枝条则见产于阴面裂皮缝中。卵历期10～12天，6月中、下旬为孵化盛期。幼虫孵出后就地蛀入，向下潜食，将髓部食空，蛀孔外堆挂黑褐色粪屑；有些幼虫先将皮部啃食一圈，然后再钻入髓部，造成受害枝条或小主干枯死；受害轻的枝干愈合后膨大成伤疤。鉴于成长幼虫可以越冬，所以10月底至11月初有时还可查到低龄孵化虫。卵产在嫩梢上孵出的幼虫，长至老熟期前，不适应髓部多汁环境，常转移到老枝干上蛀害。

防治方法 （1）结合冬季整形修剪或夏剪，去除部分带虫枝，集中烧毁杀灭幼虫。（2）根据被害孔外堆挂粪屑这一特征，寻找蛀入孔，用兽医注射器将80%敌敌畏原药注射少许于虫道中，再用胶布或车用黄油封闭孔口，熏杀幼虫，效果极佳。（3）叶蝉类害虫盛害期，正是本虫卵孵期，可一并进行兼治。在喷雾叶片的同时，应将嫩茎也喷湿透，这样才能达到兼治效果。

八点广翅蜡蝉

学名 *Ricania speculum* Walker 同翅目广翅蜡蝉科。除西北、东北少数产区外，全国其他产区均有分布。

寄主 为害猕猴桃、樱桃、栗、枣、柑橘等的枝叶。

为害特点 成、若虫刺吸嫩枝、芽、叶汁液。雌虫产卵时把产卵器刺入内枝茎内，破坏枝条组织，受害枝轻则枯黄，重则枯死。

八点广翅蜡蝉成虫

形态特征 成虫体长6～7mm，翅展18～27mm，头、胸部黑褐色，触角刚毛状，翅革质，密布纵横网状脉纹，前翅宽大，略呈三角形，翅面被稀薄白色蜡粉，翅上生白色透明斑5～6个。

生活习性 年生1代，以卵在当年生枝条里越冬。若虫5月中、下旬至6月上、中旬孵化，低龄若虫常数头排列在同一嫩枝上刺吸汁液为害。4龄后分散在枝梢叶果间，爬行很快，善于跳跃。若虫期40～50天，7月上旬成虫羽化，飞行力强，寿命50～70天，为害至10月，成虫产卵期30～40天，卵产于当年生嫩枝木质部里，产卵孔排列成一纵列，孔外带出部分木丝并覆有白色絮状蜡丝，很易发现和识别。

防治方法 （1）冬春季剪除被害产卵枝，集中深埋或烧毁。（2）虫量多时，于6月中旬至7月上旬若虫羽化为害期喷洒10%吡虫啉可湿性粉剂3000倍液或10%氯氰菊酯乳油2000倍液。

猕猴桃桑白蚧

学名 *Pseudaulacaspis pentagona*（Targioni-Tozzetti），属同翅目、盾蚧科。别名：桑介壳虫、桃介壳虫、桑白盾蚧。分布几遍全国各地。

寄主 猕猴桃、桃、李、杏、樱桃、核桃、柿等。

为害特点 雌成虫和若虫刺吸猕猴桃枝干和叶片及果实的汁液，造成树势衰弱或落叶等，严重的枝干枯死。

生活习性 贵州猕猴桃园年生4代，以受精雌虫在枝干上越冬，第一代于4月上旬开始产卵于枝干上，卵产于雌虫的介壳内，产完卵后雌虫干缩死亡。该虫多发生在衰弱树的枝干上群集固定取食汁液。4月中旬孵化成若虫，从雌介壳下爬

桑白蚧为害猕猴桃果实

出分散1～2天后在枝干上固定取食不再迁移。雌若虫共2龄期，第2次蜕皮后变成雌成虫。雄若虫期也为2龄，第2龄若虫蜕皮后变为前蛹，再经蜕皮变成蛹，最后羽化成雄成虫。雌若虫2龄后便分泌绵毛状蜡丝，逐渐形成介壳，增强抗药性。第2～4代分别发生于5月下旬～6月上旬、7月中下旬、9月上中旬。

防治方法 （1）建立猕猴桃园时，要远离桃、李、桑、梨等果园，避免寄主间传播。（2）冬季或春季发芽前喷洒5%柴油乳剂或3～5°Bé石硫合剂。（3）注意保护日本方头甲、红点唇瓢虫等天敌。（4）于若虫孵化盛期，贵州于4月底5月初或在虫体背面还未被蜡质所覆盖时，采用药剂防治。一般采用5%啶虫脒乳油2000倍液、2.5%高效氯氟氰菊酯乳油2000倍液、100倍机油乳剂+0.1%噻嗪酮液或10%氯氰菊酯乳油1000～2000倍液喷雾，还可采用40%辛硫磷乳油200倍液刷虫体。可在各种药液中，加入0.1%～0.2%洗衣粉。

考氏白盾蚧

学名 *Pseudaulacaspis cockerelli*（Cooley），属同翅目、盾

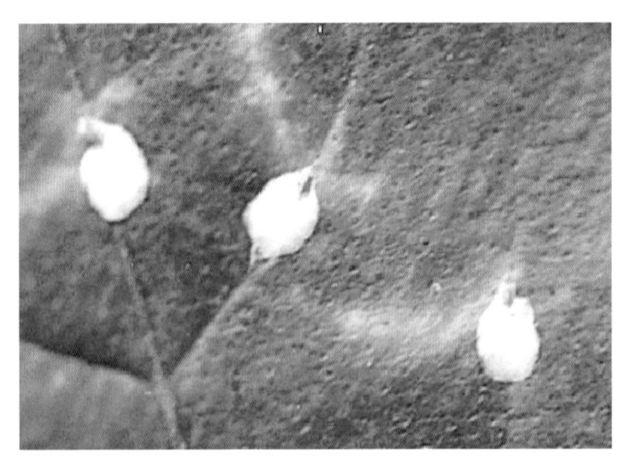
考氏白盾蚧雌介壳放大

蚧科。别名：广菲盾蚧、白桑盾蚧、贝形白盾蚧、考氏齐盾蚧。异名：*Phenecaspis cockerelli*（Cooley）；*Chionaspis cockerelli* Cooley。分布在山东、安徽、江苏、浙江、上海、江西、福建、台湾、广东、广西、湖北、云南、贵州、四川以及北方哈尔滨、山西、北京、河北等地的温室。

寄主 猕猴桃、芒果、柑橘、金橘等。

为害特点 本种有两型，即食干型、食叶型。叶受害后，出现黄斑，严重时叶片布满白色介壳，致使叶大量脱落。枝干受害后枯萎，严重的布满白色蚧，树势减弱，甚至诱发煤污病，严重影响植株生长、发育。

形态特征 成虫：雌介壳长2.0～4.0mm，宽2.5～3.0mm，梨形或卵圆形，表面光滑，雪白色，微隆；2个壳点突出于头端，黄褐色。雄介壳长1.2～1.5mm，宽0.6～0.8mm；长形表面粗糙，背面具一浅中脊；白色；只有一个黄褐色壳点。雌成虫体长1.1～1.4mm，纺锤形，橄榄黄色或橙黄色，前胸及中胸常膨大，后部多狭；触角间距很近，触角瘤状，上生一根长毛；中胸至腹部第8腹节每节各有一腺刺，前气门腺10～16个；臀叶2对发达，中臀叶大，中部陷入或半突出。雄成虫体长0.8～1.1mm，翅展1.5～1.6mm。腹末具长的交配器。若虫：初孵淡黄色，扁椭圆形，长0.3mm，眼、触角、足均存在，两眼间具腺孔，分泌蜡丝覆盖身体，腹末有2根长尾毛。2龄长0.5～0.8mm，椭圆形，眼、触角、足及尾毛均退化，橙黄色。

生活习性 广东、福建、台湾等地年发生6代；云南露地年可发生2代，室内年可发生3代；上海等长江以南地区及北方温室内年可发生3代。各代发生整齐，很少重叠。以受精和孕卵雌成虫在寄主枝条、叶上越冬。冬季也可见到卵和若虫，但越冬卵第二年春季不能孵化，越冬若虫死亡率很高。越冬受精雌成虫在翌年3月下旬开始产卵，4月中旬若虫开始孵化，4月下旬、5月上旬为若虫孵化盛期，5月中、下旬雄虫化蛹，6月上旬成虫羽化；第2代6月下旬始见产卵，7月上、中旬为若虫孵化盛期，7月下旬雄虫化蛹，8月上旬出现成虫；第3代8月下旬～9月上旬始见产卵，9月下旬～10月上旬为若虫孵化盛期，10月中旬雄成虫化蛹，10月下旬出现成虫并进入越冬期。雌成虫寿命长达1.5个月左右，越冬成虫长达6个月左右。每雌平均产卵50余粒。若虫分群居型和分散型两类，群居型多分布在叶背，一般几十头至上百头群集在一起，经第2龄若虫、前蛹、蛹而发育为雄成虫；散居型主要在叶片中脉和侧脉附近发育为雌成虫。

防治方法 （1）加强检疫，由于蚧虫固着寄生极易随苗木异地传播，所以一定要严把检疫关，禁止带虫苗木带入或带出。（2）加强栽培管理，适时增施有机肥和复合肥以增强树势，提高抗虫力。结合修剪及时疏枝，剪除虫害严重的枝、叶，以减少虫源，促进植株通风透光，以减轻此蚧为害。（3）保护利用天敌，此蚧有多种内寄生小蜂及捕食性的草蛉、瓢虫、钝绥螨等天敌，因此施药种类及方法要合理，避免杀伤天敌。（4）根施5%辛硫磷颗粒剂可最大限度地杀灭蚧虫，保护天敌。（5）在卵孵化盛期及时喷洒40%乐果乳油1500倍液加0.1%肥皂粉或洗衣粉、10%吡虫啉可湿性粉剂1500倍液、20%甲氰菊酯乳油1500～2000倍液、2.5%高效氯氟氰菊酯乳油1500～2000倍液、5%啶·高乳油1200～1500倍液。

猕猴桃园红叶螨

2010年6月中旬陕西省眉县持续高温干旱，造成猕猴桃园幼树及成树出现大量干叶、卷叶、落叶及幼果发生日灼，据调查主要是二斑叶螨和山楂叶螨大发生引起。

为害特点 两种红叶螨主要集中在猕猴桃叶片背面为害，不太活泼，零星几个或群集在叶脉周围吸食叶片汁液为害。受害树一般每片叶上有3～10头红叶螨，严重的叶片有几十头甚至上百头，且大量吐丝结网。受害叶片正面先出现小块不规则失绿，后斑驳发黄，逐渐连成一片，整个叶片发红发黄，受害树或受害园远看出现黄化，严重时形成“火烧树”，最后叶片干枯、卷曲脱落，造成大量落叶。

主要有山楂叶螨和二斑叶螨2种，均在猕猴桃枯枝、落叶、主干老翘皮内、果园杂草上越冬。2种红叶螨1年发生10～12代，盛夏高温期世代重叠交替。山楂叶螨从4月初发生，二斑叶螨在2月下旬就开始活动，6月麦收前后气温升高开始为害，7～8月是这2种红叶螨为害盛期，高温干旱能加剧其繁殖。9月以后气温开始下降，红叶螨为害程度逐渐减弱，猕猴桃采果后至11月红叶螨才开始越冬。

防治方法 （1）农业防治。6～8月盛夏高温期间要适时灌水，既防止干旱影响猕猴桃迅速膨大，又能降低果园气温，抑制红叶螨蔓延。提倡果园生草和合理利用杂草，改善果园小气候，减轻高温干旱的影响，但应注意要在盛夏适时刈割覆

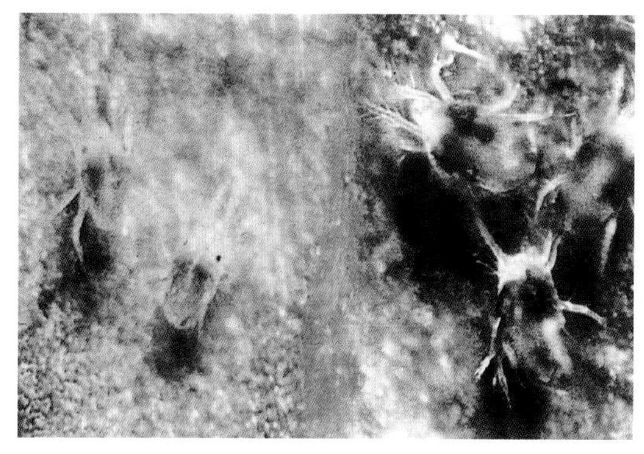
二斑叶螨幼螨（左）和雌螨

山楂叶螨

盖，破坏红叶螨寄生环境。结合秋施基肥树盘深翻，杀死越冬卵；冬季彻底清园，人工刮除猕猴桃主干老、翘、粗皮，清除园内杂草、枯枝落叶，带出果园集中烧毁，控制红叶螨越冬基数。避免套种或在猕猴桃园附近种植架豆等蔬菜作物。（2）生物防治。改善果园生态环境，合理保护利用天敌，如捕食螨、异色瓢虫、草蛉、六点蓟马、小黑花蝽等，充分发挥天敌对红叶螨的自然控制（天敌与红叶螨比例高于1 ： 50时可不使用农药防治）；同时使用生物农药，植物源、矿物源农药，无公害的高效、低毒、低残留农药，减少喷药次数，避免对天敌的误杀。（3）化学防治。从麦收后开始，猕猴桃叶片背面平均每叶有3 ～ 5头红叶螨时，应立即防治，防早、防小。药剂可选用

1%阿维菌素乳油3000倍液+2.5%三氟氯氰菊酯乳油2500倍液+10%苯醚甲环唑水分散粒剂1000倍液或43%联苯肼酯（爱卡螨）悬浮剂3000倍液，轮换或交替使用。

灰巴蜗牛

学名 *Bradybaena ravida* Benson属柄眼目巴蜗牛科。俗称水牛、蜒蚰螺。系食性极杂的软体动物，全国普遍发生，但以南方及沿海潮湿地区较重。浙江省常见的优势种为灰巴蜗牛［*Bradybaena ravida*（Benson）］和同型巴蜗牛［*Bradybaena similaris*（Ferussac）］2种。雌雄同体。

寄主 可为害草莓、柑橘和猕猴桃等果树与蔬菜。初孵幼贝只取食叶肉，留下表皮，爬行时留下移动线路的黏液痕迹。成贝经常食害嫩叶、嫩茎、叶片及果实，致使孔洞或折断或落果，发生严重者可造成缺苗断垄。

形态特征 灰巴蜗牛成贝爬行时体长30～36mm，贝壳中等大小，壳质稍厚、坚固，呈圆球形。壳高19mm、宽21mm，有5.5～6个螺层，顶部几个螺层增长缓慢、略膨胀，体螺层急骤增长、膨大。壳面黄褐色或琥珀色，并且有细致而

灰巴蜗牛

稠密的生长线和螺纹。壳顶尖。缝合线深。壳口呈椭圆形，口缘完整，略外折，锋利，易碎。轴缘在脐孔处外折，略遮盖脐孔。脐孔狭小，呈缝隙状。个体大小、颜色变异较大。卵圆球形，白色。卵壳坚硬，常10～20粒以上集于一起，粘成卵堆。

防治方法 蜗牛发生初期至始盛期用6%四聚乙醛颗粒剂0.5kg/667m^{2}撒在果树受害处，也可选用70%杀螺胺粉剂，每667m^2 28～35g拌细砂子撒施，持效期10～15天。蜗牛、蛞蝓为害严重地区或田块第一次用药后隔12天再施药一次，才能有效控制其危害。

3. 枸杞病害

枸杞是茄科枸杞属中多年生灌木，每100g嫩叶和嫩芽中含蛋白质3 ~ 5.8g、碳水化合物5.3 ~ 8g，并含维生素和氨基酸等。常吃有明目、解热作用，是一种强壮剂，多生在山坡、荒地、林缘、田野及路旁，浆果卵形或长椭圆形，红色，可做果用或菜用或药用。

枸杞炭疽病

症状 枸杞炭疽病俗称黑果病。主要为害青果、嫩枝、叶、蕾、花等，青果染病初在果面上生小黑点或不规则褐斑，遇连阴雨天病斑不断扩大，半果或整果变黑，干燥时果实缢缩；湿度大时，病果上长出很多橘红色胶状小点；嫩枝、叶尖、叶缘染病，产生褐色半圆形病斑，扩大后变黑，湿度大呈湿腐状，病部表面出现黏滴状橘红色小点，即病原菌的分生孢子盘和分生孢子。

枸杞炭疽病病果

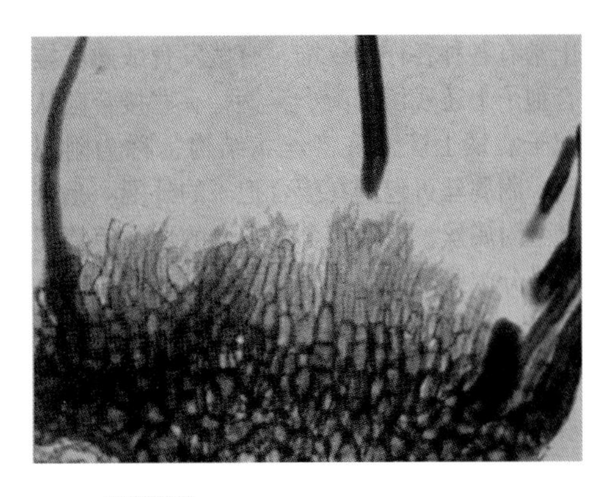

枸杞炭疽病病菌分生孢子盘和刚毛

病原 *Colletotrichum gloeosporioides*，称胶孢炭疽菌，原称盘长孢状刺盘孢，属真菌界无性态子囊菌。有性态*Glomerella cingulata*，称围小丛壳，属真菌界子囊菌门。分生孢子盘生在病果表皮下，菌丝体在皮下组织的细胞间隙中集结，形成黑褐色的分生孢子盘，圆盘状，中间凸起，大小100～300μm，刚毛少，后孢子盘顶开果皮及角质层，盘上生分生孢子梗棍棒状，大小（12～21）μm×（4～5）μm；分生孢子圆筒状，大小（11～18）μm×（4～6）μm。分生孢子萌发适宜相对湿度为100%，湿度低于75%不萌发，在水中24h后大量萌发。

传播途径和发病条件 以菌丝体和分生孢子在枸杞树上和地面病残果上越冬。翌年春季主要靠雨水把黏结在一起的分生孢子溅击开后传播到幼果、花及蕾上，经伤口或直接侵入，潜育期4～6天。该病在多雨年份、多雨季节扩展快，呈大雨大高峰、小雨小高峰的态势，果面有水膜利于孢子萌发，无雨时孢子在夜间果面有水膜或露滴时萌发，干旱年份或干旱无雨季节发病轻、扩展慢。5月中旬～6月上旬开始发病，7月中旬～8月中旬爆发，为害严重时，病果率高达80%。

防治方法 （1）收获后及时剪去病枝、病果，清除树上和地面上病残果，集中深埋或烧毁。到6月份第一次降雨前再次清除树体和地面上的病残果，减少初侵染源。（2）6月份第一次降雨前先喷一次药，并在药液中加入适量尿素，杀灭越冬病菌，增强树体抗病性。（3）发病后重点抓好降雨后的喷药，喷药时间应在雨后24h内进行，以防传播后的分生孢子萌发和侵入。（4）发病期禁止大水漫灌，雨后排除杞园积水，浇水应在上午进行，以控制田间湿度，减少夜间果面结露。（5）发病期及时防蚜、螨，防止害虫携带孢子传病和造成伤口。（6）发病初期喷洒25%嘧菌酯悬浮剂1500倍液或50%醚菌酯干悬浮剂3000倍液、25%咪鲜胺乳油800倍液或50%百·硫悬浮剂600倍液、10%多抗霉素可湿性粉剂700倍液，隔10天左右1次，连续防治2～3次。此外，有报道在发病初期喷洒红麻炭疽菌或柑橘叶炭疽菌，防效与80%福·福锌可湿性粉剂800倍液相近且无污染，属生物防治法，生产上可试用。（7）为了提高抗病害能力，可喷洒碧护7500倍液1次还可以抗干旱、抗冻害。

枸杞灰斑病

症状 又称枸杞叶斑病。主要为害叶片和果实。叶片染病初生圆形至近圆形病斑，大小2～4mm，病斑边缘褐色，中央灰白色，叶背常生有黑灰色霉状物。果实染病，也产生类似的症状。

病原 *Cercospora lycii* Ell.et Halst，称枸杞尾孢，属真菌界无性型子囊菌尾孢属。枸杞尾孢分生孢子梗3～20根丛生，多隔膜，（38～160）μm×（4～6）μm。分生孢子鞭形，无色，直或弯曲，隔膜多而不明显，（45～144）μm×（2～4）μm。

传播途径和发病条件 病菌以菌丝体或分生孢子在枸杞的枯枝残叶或病果遗落在土中越冬，翌年分生孢子借风雨传播

大叶枸杞灰斑病

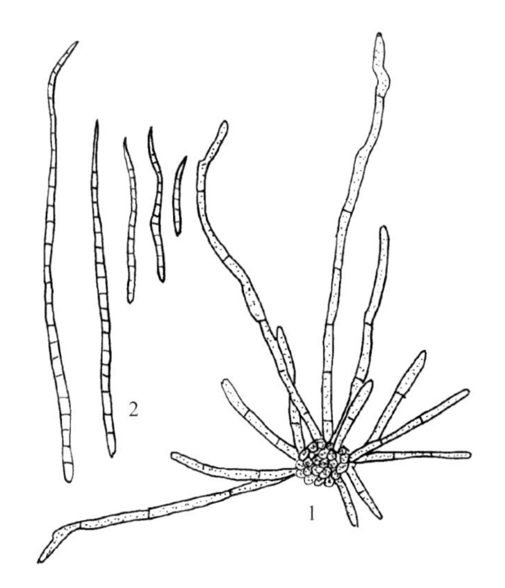

枸杞灰斑病病菌
1—子座及分生孢子梗；
2—分生孢子

进行初侵染和再侵染，扩大为害。高温多雨年份、土壤湿度大、空气潮湿、土壤缺肥、植株衰弱易发病。

防治方法 （1）选用枸杞良种，如宁杞1号。秋季落叶后及时清洁杞园，清除病叶和病果，集中深埋或烧毁，以减少菌源。（2）加强栽培管理，提倡施用酵素菌沤制的堆肥或有机复合肥，增施磷、钾肥，增强抗病力。（3）进入6月开始喷洒50%甲基硫菌灵悬浮剂600倍液或40%百菌清悬浮剂600倍液、

64%恶霜·锰锌可湿性粉剂500倍液、20%噻菌铜悬浮剂500倍液，隔10天左右1次，连续防治2～3次。

枸杞白粉病

症状 主要为害叶片。叶两面生近圆形的白色粉状霉斑，后扩大至整个叶片被白粉覆盖，形成白色斑片。

病原 *Arthrocladiella mougeotii*（Lév.）Vassilk.var. *polysporae*，称多孢穆氏节丝壳，属真菌界子囊菌门。子囊果散生或略聚生，褐色至黑褐色，直径120～165μm；附属丝28～81根，基部粗糙，带浅黄褐色，短棒状或指状，有的具隔膜，长为子囊果的0.6～1倍，具11～31个子囊；子囊椭圆形至长椭圆形，具柄，大小（59～74）μm×（14～21）μm，内含2～4个子囊孢子；子囊孢子椭圆形至长椭圆形，大小（13.8～21.3）μm×（12～15）μm。

传播途径和发病条件 北方病菌以闭囊壳随病残体遗留在土壤表面越冬，翌年春季放射出子囊孢子进行初侵染。南方病菌有时产生闭囊壳或以菌丝体在寄主上越冬。田间发病后，病部产生分生孢子通过气流传播，进行再侵染。条件适宜时，

叶用枸杞白粉病

孢子萌发产生侵染丝直接从表皮细胞侵入，并在表皮细胞里生出吸器吸收营养，菌丝体则以附着器匍匐于寄主表面，不断扩展蔓延，秋末形成闭囊壳或继续以菌丝体在活体寄主上越冬。

防治方法 （1）秋末冬初清除病残体及落叶，集中深埋或烧毁。（2）田间注意通风透光，不要栽植过密，必要时应疏除过密枝条。（3）发病初期喷洒50%醚菌酯干悬浮剂3000倍液或30%苯醚甲・丙环乳油2000倍液、50%甲基硫菌灵・硫黄悬浮剂800倍液或30%氟菌唑可湿性粉剂2000倍液、20%三唑酮乳油1500～2000倍液、45%石硫合剂结晶150倍液，隔10天左右1次，连续防治2～3次。对上述杀菌剂产生抗药性的地区可改用12.5%腈菌唑乳油2000倍液或40%氟硅唑乳油4000～5000倍液，隔20天1次，防治1～2次。

枸杞瘿螨病

症状 主要为害叶片、嫩茎和果实。被害部密生黄绿色近圆形隆起小点，呈虫瘿状畸形或扭曲，植株生长严重受阻，叶片和嫩茎不堪食用，果实产量和品质降低。

枸杞瘿螨病虫瘿

病原 *Aceria tiyingi*（Manson），称枸杞金氏瘤瘿螨，属瘿螨科害螨。雌成螨：体长0.17mm，蠕虫形，浅黄白色，背瘤位于盾后缘，背瘤间由粒点构成弧状纹；前胫节刚毛生在体背基部1/4处，羽状爪单一，爪端球不明显，体背、腹环均具圆形微瘤。若螨：形如成螨，唯体长较成螨短而较幼螨长，浅白色至浅黄色，半透明。卵：近球形，直径39～42.5μm，浅白色，透明。

传播途径和发病条件 在宁夏、内蒙古一带年生10多代，以老熟雌成螨在枸杞1～2年生枝条的芽鳞内或枝条缝隙内越冬。翌年4月上、中旬，当枸杞冬芽刚开绽露绿时，越冬成螨开始出蛰活动。5月下旬～6月上旬枸杞展叶时，出蛰成螨大量转移到枸杞新叶上产卵，孵出的幼螨钻入叶组织内形成虫瘿，8月上旬～9月中旬，为害达高峰。11月中旬，气温降至5℃以下，成螨转入越冬。气温20℃左右，瘿外成螨爬行活跃。此外，发现蚜虫与木虱腹部和足的跗节上附有数量不等的成螨，是本病传播媒介之一。在南方，枸杞作为多年生蔬菜终年都有种植，瘿螨可在田间辗转为害，不存在越冬问题。

防治方法 抓住当地成螨越冬前期及越冬后出瘿成螨大量出现时及时喷药毒杀，以降低害螨的密度。提倡在瘿螨发生高峰期前喷洒0.9%阿维菌素乳油2000倍液+40%辛硫磷乳油1000倍液+效力增（农药增效剂），3天1次，连续防治3次，效果优异。此外，也可喷洒30%固体石硫合剂150倍液或50%硫黄悬浮剂300倍液、1.8%阿维菌素3000～4000倍液。另据宁夏经验，掌握当地出瘿成螨外露期或出蛰成螨活动期，采用超低容量喷雾法喷施50%敌丙油雾剂与柴油1∶1混合，667m^{2}用药200g，较常规施药省工、省药，效果好。

枸杞霉斑病

症状 主要为害叶片。叶面现褪绿黄斑，背面现近圆形霉斑，边缘不变色。数个霉斑汇合成斑块，或霉斑密布致整个叶背覆满霉状物，终致全叶变黄或干枯，不堪食用。

病原 *Pseudocercospora chengtuensis*，称成都假尾孢，异名*Cercospora chengtuensis*，属真菌界无性态子囊菌。子座球形，褐色分生孢梗成密丛，顶部具齿状突起，1～5个隔膜，(25～85)μm×(3.5～5)μm。分生孢子橄榄色，近圆筒形至棍棒圆筒形，3～14个隔膜，但不明显，(50～135)μm×(3.0～5.0)μm。

传播途径和发病条件 在我国北方，菌丝体和分生孢子丛在病叶上或随病残体遗落土中越冬，以分生孢子进行初侵染和再侵染，借气流和雨水溅射传播。在南方，枸杞终年种植的地区，病菌孢子辗转为害，无明显越冬期。温暖闷湿天气易发生流行。大叶和中叶枸杞较细叶品种感病。

防治方法 (1) 定期喷施植宝素、叶面宝等，促植株早生快发，可减轻受害。(2) 发病初期喷洒60%戊唑醇·丙森锌可湿性粉剂1500倍液或20%噻菌铜悬浮剂500倍液、50%腐霉利可湿性粉剂1000倍液，隔7～10天1次，连续防治3～4次。

枸杞霉斑病病叶

枸杞茄链格孢黑斑病

症状 主要为害叶片。叶片上病斑圆形或近圆形，黑褐色，有同心轮纹，直径10mm左右，常融合成不规则形大斑。

病原 *Alternaria solani*，称茄链格孢，属真菌界无性型子囊菌，链格孢属。子实体主要生在叶面病斑上，灰黑色。分生孢子梗单生或簇生，直或弯曲，浅黄褐色至青褐色，不分枝或罕生分枝，（47.5～106）μm×（7.5～10.5）μm。分生孢子单生，直或略弯曲，倒棒状，青褐色，有横隔膜5～12个，纵、斜隔膜0～5个，孢身（67～140.5）μm×（15～28.5）μm。喙丝状，浅褐色，分隔，（60～178.5）μm×（3～4.5）μm。

传播途径和发病条件 茄链格孢菌以菌丝或分生孢子在病残体上或种子上越冬。条件适宜时产生分生孢子，从叶片、花、果实等的气孔、皮孔或表皮直接侵入，田间经2～3天潜育后出现病斑，经3～4天又产生分生孢子，通过气流和雨水飞溅传播，进行多次再侵染，致病害不断扩大。病菌生长发育温限1～45℃，26～28℃最适。该病潜育期短，分生孢子在26℃水中经1～2h即萌发侵入，在25℃条件下接菌，24h后即发病。

枸杞茄链格孢黑斑病

防治方法 发病初期喷洒50%异菌脲悬浮剂800倍液或50%腐霉利可湿性粉剂1200倍液。

枸杞黑果病

症状 主要为害花器和果实，幼嫩果实受害较重。花器和果实染病，也从积水衰弱部位侵入，初呈褐色水渍状坏死，以后病部干腐僵缩，常在病花或病果表面产生灰黑色霉丛。

枸杞黑果病果实症状

病原 *Alternaria alternata*，称链格孢，属真菌界无性型子囊菌链格孢属。

传播途径和发病条件 病菌可在多种寄主上为害，也随寄主在病残体越冬。该菌寄生能力较弱，常从生长衰弱的花器或果实上侵入，引起黑果病。

防治方法 参见枸杞茄链格孢黑斑病。

枸杞灰霉病

症状 棚室栽培的大叶枸杞早春易发病，植株叶缘初呈

大叶枸杞灰霉病

水渍状，半圆形，后不断向叶内扩展至叶片的1/3，病部变褐腐烂，长出灰色霉丛。

病原 *Botrytis cinerea*，称灰葡萄孢，属真菌界无性型子囊菌。

病原病害传播途径和发病条件、防治方法 参见猕猴桃灰霉病。

4.枸杞害虫

枸杞实蝇

学名 *Neoceratitis asiatica*（Becker），属双翅目、实蝇科。别名：果蛆、白蛆。分布在宁夏、青海、新疆、西藏、内蒙古。

寄主 枸杞。

为害特点 幼虫蛆食果肉，被害果外显白斑，形成无经济价值的蛆果，严重的减产22%～55%，是枸杞上的三大害虫之一。

形态特征 成虫：体长4.5～5mm，翅展8～10mm。头橙黄色，颜面白色，复眼翠绿色，映有黑纹，宛如翠玉。两眼间具“Ω”形纹，3个单眼。口器橙黄色。触角橙黄色，角芒褐色，上具微毛。头部鬃须齐全。胸背面漆黑色，具强光，中部具2条纵白纹与两侧的2条短白纹相接成“北”字形，上生

枸杞实蝇幼虫

白毛。此白纹有时不明显。小盾片背面蜡白色，其周缘及后方黑色。翅透明，有深褐色斑纹4条，1条沿前缘，余3条由此斜伸达翅缘；亚前缘脉尖端转向前缘成直角，直角内方具1小圆圈，据此可与类似种区别。足黄色，爪黑色。腹部中宽后尖，呈倒圆锥形，背面具白色横纹3条，其中前条、中条横纹的中央被1条黑褐色纵纹所中断。雌虫腹端的产卵管突出，扁圆形似鸭嘴；雄虫腹端尖。卵：白色，长椭圆形。幼虫：体长5～6mm，圆锥形，前端尖大，后端粗大。口沟黑色。前气门扇形，后气门上6个呼吸裂孔排成2列，位于末端。蛹：长4～5mm，宽1.8～2mm，椭圆形，一端尖，浅黄色或赤褐色。

生活习性 年生2～3代，以蛹在土内5～10cm深处越冬。翌年5月上旬，枸杞现蕾时成虫羽化，5月下旬成虫大量出土，把卵产在幼果皮内，一般每果一卵，幼虫孵出后蛀食果肉，6月下旬～7月上旬幼虫老熟后，由果里钻出，落地化蛹。7月中、下旬，羽化出第2代成虫，8月下旬～9月上旬进入第3代成虫盛期，后以第3代幼虫化蛹，蛰伏越冬。成虫性温和，静止时翅上下抖动似鸟飞状。

防治方法 （1）4月底至5月初，用3%辛硫磷颗粒剂加5倍细干土，拌匀后撒在土壤表面，然后耙入土中，每667m^2用药1.5～2kg，消灭越冬蛹及初羽化成虫。（2）摘果期专门把蛆果集中在一起，当天深埋或集中烧毁，防止幼虫逃逸分散。（3）及时灌水翻土，杀死土内越冬蛹及夏季蛹，对压低虫口密度有一定作用。（4）严重时喷洒75%灭蝇·杀单可湿性粉剂4000倍液。

枸杞园棉铃虫

学名 *Helicoverpa armigera*（Hübner），异名*Heliothis*

棉铃虫幼虫正在食害枸杞果实

armigera Hübner，属鳞翅目、夜蛾科。别名：棉铃实夜蛾。分布在全国各地。

寄主 枸杞、苹果、山楂等多种植物。

为害特点 幼虫先取食未展开的嫩叶致展开后破碎，后钻进花蕾、花、果实内蛀食为害，引起落花、落蕾。果实受害时常被吃空。为害枸杞时爬上枸杞植株取食果实成孔洞。

防治方法 幼虫未蛀入果实之前喷洒5%氯虫苯甲酰胺悬浮剂1000倍液或24%氰氟虫腙悬浮剂1000倍液。

枸杞园斜纹夜蛾

学名 *Spodoptera litura*（Fabricius），属鳞翅目、夜蛾科。

寄主 枸杞、梨、银杏、香蕉、苹果树。

为害特点 低龄幼虫啃食叶肉残留表皮形成半透明纸状或呈“天窗”；大龄幼虫食叶成缺刻或孔洞，同时为害花器、茎和幼果。一些地区为害银杏相当严重。

形态特征 成虫：体长14～20mm，头、胸、腹深褐色，前翅灰褐色斑纹复杂，内横线、外横线灰白色波浪状，中间生白条纹，环状纹与肾状纹间从前缘向后缘外方生3条白斜

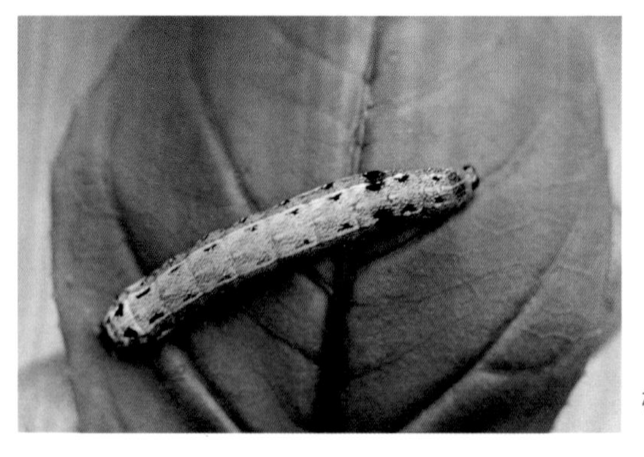

枸杞园斜纹夜蛾幼虫

线。后翅白色，无斑纹。卵：直径0.45mm，扁半圆形。末龄幼虫：体长35～47mm，头黑褐色，背线、亚背线、气门下线灰黄色，从中胸至第9腹节在亚背线内侧生三角形黑斑1对，其中第1、第7、第8腹节上最大。蛹：赭红色。

生活习性 华北年生4代，长江流域5～6代，福建6～9代，湖南枸杞产区江永县年生6代，成虫发生期第1代4月，第2代6月上、中旬，第3代7月上、中旬，第4代8月上、中旬，第5代9月下旬～10月上旬，第6代10月下旬～11月中旬，幼虫于5月中、下旬开始为害枸杞，7月上旬虫量大量上升，8月中旬～9月中旬为害最重。成虫趋光性强，卵多产在叶背，卵期22℃ 7天，28℃ 2.5天，幼虫共6龄，发育历期21℃约27天，26℃ 17天，30℃ 12.5天，老熟幼虫在1～3cm表土做土室化蛹，蛹期28～30℃ 9天，每年8～9月为害最重。

防治方法 （1）安装频振式杀虫灯诱杀成虫，防效优异。（2）3龄前喷洒5%氟啶脲乳油2000倍液、20%高氯·马乳油1000倍液、10%吡虫啉2500倍液。（3）提倡使用10亿PIB/ml苜蓿银纹夜蛾核型多角体病毒800倍液，48h后可完全控制为害。

透明疏广蜡蝉

学名 *Euricania clara* Kato。分布于辽宁、华北、山东、陕西等省。

寄主 桑、刺槐、枸杞。

形态特征 成虫体长5～6mm，栗褐色，中胸盾片最深，前翅无色透明，稍带黄褐色，翅脉褐色，前缘生有宽褐带，近中部生褐色斑，外缘、后缘生褐细纹，后翅无色透明。

生活习性 北京一年发生一代，以卵排列成行在枝条上越冬。若虫腹末长出的蜡丝可作褶扇状开张，喜群栖排列在寄主嫩枝上为害，主要为害苗木的枝条。

透明疏广蜡蝉成虫（徐公天）

透明疏广蜡蝉幼龄若虫

防治方法 （1）冬初向寄主上喷洒3～5波美度石硫合剂杀灭越冬卵。（2）若虫在枝上为害期喷洒10%吡虫啉可湿性粉剂2000倍液或25%除尽悬浮剂1000倍液。

双斑长跗萤叶甲

学名 *Monolepta hieroglyphica*（Motschulsky），鞘翅目叶甲科。分布于全国各地。

寄主 杨、柳、鸡冠花、枸杞。

形态特征 成虫体长4～4.5mm，长卵形，棕黄色；头深黄褐色，触角细长，长于体之半，第1～3节黄色，其余各节黑色；前胸背板宽大于长，拱凸；每个鞘翅基半部有近圆形淡色斑1个，周缘黑色，后缘黑色部分常向后伸突成角状，翅后半部淡色；鞘翅两侧缘近于平行，刻点细，每鞘翅基半部有近圆形淡色斑1个，其周缘黑色；第1跗节长于其余各节之和。幼虫体长形，白色，少数黄毛，体表具排列规则的瘤突和刚毛，腹节有较深的横褶。

生活习性 北京一年发生1代，以卵在土中越冬。卵期长，幼虫生活在土中，以禾本科杂草根部为食，老龄幼虫在土

双斑长跗萤叶甲成虫

中化蛹，蛹期7 ～ 10天，7月出现成虫，成虫取食农作物、花卉植物及某些林木的叶。

防治方法 （1）幼虫期向枝叶喷洒1.8%爱福丁乳油3000倍液、10%吡虫啉可湿性粉剂2000倍液。（2）人工振落和杀灭成虫。

斑须蝽

学名 *Dolycoris baccarum*（Linnaeus），属半翅目、蝽科。别名：细毛蝽、黄褐蝽、斑角蝽、节须蚁。分布在全国各地。

寄主 枸杞、苹果、梨、桃、石榴、山楂、梅、柑橘、杨梅、草莓、黑莓等。

为害特点 成虫、若虫刺吸寄主植物的嫩叶、嫩茎、果汁液，造成落蕾、落花，茎叶被害后出现黄褐色小点及黄斑，严重时叶片卷曲，嫩茎凋萎，影响生长发育。

形态特征 成虫：体长8 ～ 13.5mm，宽5.5 ～ 6.5mm。椭圆形，黄褐或紫色，密被白色绒毛和黑色小刻点。复眼红褐色。触角5节，黑色，第1节、第2 ～ 4节基部及末端及第5节基部黄色，形成黄黑相间。喙端黑色，伸至后足基节处。前

斑须蝽为害枸杞

胸背板前侧缘稍向上卷，呈浅黄色，后部常带暗红色。小盾片三角形，末端钝而光滑，黄白色。前翅革片淡红褐或暗红色，膜片黄褐色，透明，超过腹部末端。侧接缘外露，黄黑相间。足黄褐至褐色，腿节、胫节密布黑刻点。若虫：3龄体长3.6～3.8mm，宽2.4mm；中胸背板后缘中央和后缘向后稍伸出。4龄体长4.9～5.9mm，宽3.3mm；头、胸浅黑色，腹部淡黄褐色至暗灰褐色；小盾片显露，翅芽达第1可见腹节中部。5龄体长7～9mm，宽5～6.5mm，椭圆形，黄褐至暗灰色，全身密布白色绒毛和黑刻点；复眼红褐色，触角黑色，节间黄白；小盾片三角形，翅芽达第4可见腹节中部；足黄褐色。

生活习性 年发生世代数因地域差异而不同，吉林1年1代，辽宁、内蒙古、宁夏2代，江西3～4代。以成虫在杂草、枯枝落叶、植物根际、树皮及屋檐下越冬。内蒙古越冬成虫4月初开始活动，4月中旬交尾产卵，4月末～5月初卵孵化。第1代成虫6月初羽化，6月中旬为产卵盛期；第2代卵于6月中下旬～7月上旬孵化，8月中旬成虫羽化，10月上、中旬陆续越冬。江西越冬成虫3月中旬开始活动，3月末～4月初交尾产卵，4月初～5月中旬若虫出现，5月下旬～6月下旬第1代成虫出现。第2代若虫期为6月中旬～7月中旬，7月上旬～8月中旬为成虫期。第3代若虫期为7月中、下旬～8月上旬，成虫期8月下旬开始。第4代若虫期9月上旬～10月中旬，成虫期10月上旬开始，10月下旬～12月上旬陆续越冬。第1代卵期8～14天，若虫期39～45天，成虫寿命45～63天。第2代卵期3～4天，若虫期18～23天，成虫寿命38～51天，第3代卵期3～4天，若虫期21～27天，成虫寿命52～75天。第4代卵期5～7天，若虫期31～42天，成虫寿命181～237天。成虫一般在羽化后4～11天开始交尾，交尾后5～16天产卵，产卵期25～42天。雌虫产卵于叶背面，20～30粒排成一列。

防治方法 （1）清除杂草及枯枝落叶并集中烧毁，以消灭越冬成虫。（2）于若虫危害期喷洒20%丁硫·马乳油1500倍液或50%敌敌畏乳油或90%敌百虫可溶性粉剂800～1000倍液；2.5%溴氰菊酯乳油、2.5%高效氯氟氰菊酯乳油或20%甲氰菊酯乳油3000倍液。

枸杞负泥虫

学名 *Lema*（*Microlema*）*decempunctata* Gebler，属鞘翅目、叶甲科。别名：四点叶甲、稀屎蜜。分布在内蒙古、宁夏、甘肃、青海、新疆、北京、河北、山西、陕西、山东、江苏、浙江、江西、湖南、福建、四川、西藏。

寄主 枸杞。

为害特点 以成虫、幼虫食害叶片成不规则的缺刻或孔洞，后残留叶脉。受害轻的叶片被排泄物污染，影响生长和结果；严重的叶片、嫩梢被害，影响产量和质量。

形态特征 成虫：体长4.5～5.8mm，宽2.2～2.8mm，全体头胸狭长，鞘翅宽大。头、触角、前胸背板、体腹面（除腹部两侧和末端红褐色外）、小盾片蓝黑色，鞘翅黄褐至红褐

枸杞负泥虫成虫

色，每个鞘翅上有近圆形的黑斑5个，肩胛1个，中部前后各2个，斑点常有变异，有的全部消失。足黄褐至红褐色或黑色。头部有粗密刻点，头顶平坦，中央具纵沟1条。触角粗壮黑色。复眼硕大突出于两侧。前胸背板近方形，两侧中部稍收缩，表面较平，无横沟。小盾片舌形，刻点行有4～6个刻点。幼虫：体长7mm，灰黄色，头黑色，具反光，前胸背板黑色，中间分离，胴部各节背面具细毛2横列，3对胸足，腹部各节的腹面具1对吸盘，使之与叶面紧贴。

生活习性 年生4～5代。以成虫在土壤中越冬。4～9月间在枸杞上可见各虫态。成虫喜栖息在枝叶上，把卵产在叶面或叶背面，排成人字形。成虫、幼虫都为害叶片，幼虫背负自己的排泄物，故称负泥虫。幼虫老熟后入土吐白丝黏合土粒结成土茧，化蛹于其中。

防治方法 （1）越冬代成虫开始活动期用40%辛硫磷乳油1000倍液喷洒地面，然后浅耕杀灭部分成虫。（2）低龄幼虫期喷洒1.8%阿维菌素乳油2000倍液或25%灭幼脲悬浮剂2000倍液。提倡喷洒10%烟碱乳油1000倍液、1%苦参碱可溶性液剂300倍液。

枸杞木虱

学名 *Poratrioza sinica* Yang et Li，属同翅目、木虱科。别名：黄疸。分布在宁夏、甘肃、新疆、陕西、河北、内蒙古。

寄主 枸杞、龙葵。

为害特点 成虫、若虫在叶背把口器插入叶片组织内，刺吸汁液，致叶黄枝瘦，树势衰弱，浆果发育受抑，品质下降，造成春季枝干枯。木虱是枸杞生产上三大害虫之一。

枸杞木虱

形态特征　成虫：体长3.75mm，翅展6mm，形如小蝉，全体黄褐至黑褐色具橙黄色斑纹。复眼大，赤褐色。触角基节、末节黑色，余黄色；末节尖端有毛。额前具乳头状颊突1对。前胸背板黄褐色至黑褐色，小盾片黄褐色。前、中足腿节黑褐色，余黄色，后足腿节略带黑色、余为黄色，胫节末端内侧具黑刺2个，外侧1个。腹部背面褐色，近基部具1蜡白色横带，十分醒目，是识别该虫重要特征之一。端部黄色，余褐色。翅透明，脉纹简单，黄褐色。卵：长0.3mm，长椭圆形，具1细如丝的柄，固着在叶上，酷似草蛉卵。橙黄色，柄短，密布在叶上，别于草蛉卵。若虫：扁平，固着在叶上，似介壳虫。末龄若虫：体长3mm，宽1.5mm。初孵时黄色，背上具褐斑2对，有的可见红色眼点，体缘具白缨毛。若虫长大，翅芽显露覆盖在身体前半部。

生活习性　北方年生3～4代，以成虫在土块、树干上、枯枝落叶层、树皮或墙缝处越冬。翌春枸杞发芽时开始活动，把卵产在叶背或叶面，黄色，密集如毛，俗称黄疸。6～7月盛发，成虫常以尾部左右摆动，能短距离疾速飞跃，腹端泌蜜汁。

防治方法 (1) 秋末冬初或4月中旬前灌水翻土，消灭越冬成虫。(2) 4月下旬成虫盛发期喷洒25%噻嗪酮可湿性粉剂1000～1500倍液或10%吡虫啉可湿性粉剂2000倍液、1.8%阿维菌素乳油3000～4000倍液，每667m^{2}喷对好的药液100L，隔10～15天1次，防治1～2次，采收前7天停止用药。

枸杞蚜虫

学名 *Aphis* sp.，属同翅目、蚜科。分布于全国枸杞种植区。

寄主 枸杞。

为害特点 蚜虫是我国枸杞生产上的重要害虫。成蚜、若蚜群集嫩梢、芽叶基部及叶背刺吸汁液，严重影响枸杞开花结果和生长发育，是枸杞上的三大害虫之一。

形态特征 有翅胎生蚜：体长1.9mm，黄绿色。头部黑色，眼瘤不明显。触角6节，黄色，第1、第2两节深褐色，第6节端部长于基部，全长较头、胸之和长。前胸狭长与头等宽，中后胸较宽，黑色。足浅黄褐色，腿节和胫节末端及跗节色深。腹部黄褐色，腹管黑色圆筒形，腹末尾片两侧各具2根刚

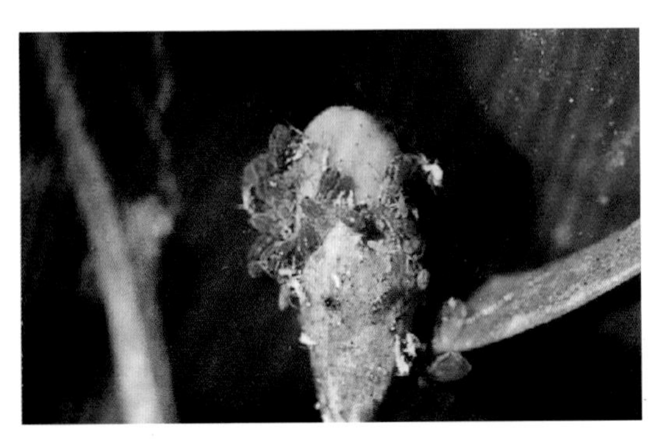

枸杞蚜虫

毛。无翅胎生蚜：体较有翅蚜肥大，色浅黄，尾片亦浅黄色，两侧各具2～3根刚毛。

生活习性 年生代数不清。以卵在枝条上越冬。在长城以北4月间枸杞发芽后开始为害，5月盛发，大量成虫、若虫群集嫩梢、嫩芽上为害，进入炎夏虫口下降，入秋后又复上升，9月出现第2次高峰。生产上施用氮肥过多，生长过旺，受害重。其主要天敌有瓢虫、草蛉、食蚜蝇等。

防治方法 （1）加强杞园管理，采用配方施肥技术，禁止过施氮肥，合理浇水。（2）保护利用天敌。（3）对枸杞蚜虫要进行预测预报，密切注意虫口数量，发现蚜虫增殖时立即喷洒50%抗蚜威可湿性粉剂2000倍液或与20%丁硫克百威乳油800倍液混合喷洒，也可单用10%吡虫啉可湿性粉剂1500倍液或3%啶虫脒乳油1000倍液，防效较高。（4）提倡用0.4%蛇床子素乳油，667m^2用110ml，对水喷雾。

棉蚜

学名 *Aphis gossypii* Glover，属同翅目、蚜科。别名：瓜蚜、草棉蚜虫等。分布：除西藏外各省、区均有。

棉蚜为害叶片

寄主 有75科285种，第一寄主即冬寄主有花椒、石榴、鼠李、木槿等；第二寄主即夏寄主有柑橘、荔枝、枇杷、枸杞、无花果、杨梅、梨、桃、李、杏、梅、山楂、榅桲等。

为害特点 参见枸杞蚜虫。

形态特征 成虫：有翅胎生雌蚜体长1.2～1.9mm，头胸部黑色，腹部黄、黄绿至深绿色，腹背两侧具黑斑3～4对。触角丝状6节，第6节鞭状部长为基部3倍左右，第3节有感觉圈4～10个，多为6～7个。翅膜质透明，翅痣灰黄色，前翅中脉分3叉。腹管圆筒形较短，黑或青色有覆瓦状纹，尾片乳头状两侧各有3根曲毛，黑或青色。无翅胎生雌蚜体长1.5～1.9mm，夏多为黄绿、淡黄至黄色，春秋多为深绿、蓝黑、黑或棕色，被薄白蜡粉。前胸背板两侧各具1锥状小乳突；腹部肥大，第1、第7节两侧各有1较大的锥形乳突。腹管、尾片及触角同有翅胎生雌蚜，但触角第3节无感觉圈。卵：椭圆形，长0.5～0.7mm，初橙黄后变深褐，6天后漆黑。若虫：与无翅胎生雌蚜相似，体较小，尾片不如成虫突出；有翅若蚜胸部发达具翅芽。

生活习性 温带地区年生20～30代，以卵在花椒、木槿、石榴、鼠李枝上和夏枯草、紫花地丁等根部越冬。翌春气温稳定在6℃以上开始孵化，繁殖3～5代，产生有翅蚜迁飞到夏寄主上为害繁殖，秋后迁回冬寄主，产生有性蚜交配，产卵越冬。福建3～4月开始迁入果园，5～6月大量迁入，为害至柑橘秋梢老化后迁出橘园。华南在柑橘上可全年为害繁殖，以春末夏初和秋季数量最多、为害重。其天敌同橘二叉蚜。

防治方法 注意冬寄主和夏寄主的防治，喷洒6%阿维·高氯高渗乳油6000倍液或35%高氯·辛乳油1500倍液。

马铃薯瓢虫

学名 *Henosepllachna vigintioctomaculata*（Motschulsky），属鞘翅目、瓢虫科。别名：二十八星瓢虫。异名：*E. vigintioctomaculata coalescens* Mader, E. niponica Lewis。分布：北起黑龙江、内蒙古，南至福建、云南，长江以北较多，黄河以北尤多；东接国境线，西至陕西、甘肃，折入四川、云南、西藏。

寄主 枸杞、马铃薯、茄子、青椒、豆类、瓜类。

为害特点 成虫、若虫取食叶片、果实和嫩茎，被害叶片仅留叶脉及上表皮，形成许多不规则透明的凹纹，后变为褐色斑痕，过多会导致叶片枯萎；被害果上则被啃食成许多凹纹，逐渐变硬，并有苦味，失去商品价值。

形态特征 成虫：体长7～8mm，半球形，赤褐色，密被黄褐色细毛。前胸背板前缘凹陷而前缘角突出，中央有一较大的剑状斑纹，两侧各有2个黑色小斑（有时合成1个）。两鞘翅上各有14个黑斑，鞘翅基部3个黑斑后方的4个黑斑不在一条直线上，两鞘翅合缝处有1～2对黑斑相连。卵：长1.4mm，

马铃薯瓢虫成虫（石宝才）

纵立，鲜黄色，有纵纹。幼虫：体长约9mm，淡黄褐色，长椭圆状，背面隆起，各节具黑色枝刺。蛹：长约6mm，椭圆形，淡黄色，背面有稀疏细毛及黑色斑纹。尾端包着末龄幼虫的蜕皮。

生活习性 我国东部地区，甘肃、四川以东，长江流域以北均有发生。在华北1年2代，武汉4代，以成虫群集越冬。一般于5月开始活动，为害马铃薯或苗床中的茄子、番茄、青椒苗。6月上、中旬为产卵盛期，6月下旬～7月上旬为第1代幼虫为害期，7月中、下旬为化蛹盛期，7月底8月初为第1代成虫羽化盛期，8月中旬为第2代幼虫为害盛期，8月下旬开始化蛹，羽化的成虫自9月中旬开始寻求越冬场所，10月上旬开始越冬。成虫以上午10时至下午4时最为活跃，午前多在叶背取食，下午4时后转向叶面取食。成虫、幼虫都有残食同种卵的习性。成虫假死性强，并可分泌黄色黏液。越冬成虫多产卵于马铃薯苗基部叶背，20～30粒靠近在一起。越冬代每雌可产卵400粒左右，第1代每雌产卵240粒左右。卵期第1代约6天，第2代约5天。幼虫夜间孵化，共4龄，2龄后分散为害。幼虫发育历期第1代约23天，第2代约15天。幼虫老熟后多在植株基部茎上或叶背化蛹，蛹期第1代约5天，第2代约7天。

防治方法 （1）人工捕捉成虫，利用成虫假死习性，承接塑料布并叩打植株使之坠落，收集灭之。（2）人工摘除卵块，此虫产卵集中成群，颜色鲜艳，极易发现，易于摘除。（3）药剂防治。要抓住幼虫分散前的有利时机，喷洒40%辛硫磷乳油1000倍液、2.5%高效氯氟氰菊酯乳油2000倍液等。

红斑郭公虫

学名 *Trichodes sinae* Chevrolat，属鞘翅目、郭公虫科。

红斑郭公虫成虫

别名：黑斑棋纹甲、中华郭公虫、青带郭公虫、黑斑红毛郭公虫。分布在宁夏、内蒙古、河南、江西、湖北、青海、山东、山西、河北。

寄主 胡萝卜、萝卜、苦豆、蚕豆、枸杞、甜菜、牛蒡等。

为害特点 成虫吃花粉。

形态特征 成虫：雄体长10～14mm，雌体14～18mm，深蓝色具光泽，密被软长毛。头宽短黑色，向下倾。触角丝状很短，仅为前胸的1/2，赤褐色，触角末端数节粗大如棍棒，深褐色，末节尖端向内伸似桃形。复眼大赤褐色。前胸背板前较后宽，前缘与头后缘等长，后缘收缩似颈，窄于鞘翅。鞘翅狭长似芫菁或天牛，鞘翅上具3条红色或黄色横行色斑，足蓝色5跗节。幼虫：狭长，橘红色，3对胸足，前胸背板黄色几丁化，胴部柔软，被有淡色稀毛，第9节背面具1硬板，腹端附有1对硬质突起。

生活习性 该虫幼虫常栖息在蜂类巢内，食其幼虫。在内蒙古、宁夏5～7月成虫发生最多，喜欢在胡萝卜、苦豆、蚕豆顶端花上食害花粉，是害虫，别于有益的郭公虫，该虫有趋光性。

防治方法 （1）5～7月成虫发生盛期用黑光灯诱杀。（2）冬耕可消灭部分越冬蛹，成虫发生期可施用广谱性杀虫剂，按常规浓度有效。（3）发生数量大，对授粉影响大时可喷洒50%辛硫磷乳油1000倍液或75%乙酰甲胺磷可溶性粉剂800倍液，每667m^{2}喷对好的药液75L。也可喷洒15%蓖麻油酸烟碱乳油，667m^{2}用75ml，对水喷雾。

烟蓟马

学名 *Thrips tabaci* Lindeman，属缨翅目、蓟马科。别名：棉蓟马、葱蓟马等。分布在全国各地。

烟蓟马成虫栖息在叶片上

寄主 已知355种，我国以枸杞、葡萄、烟草、棉花、大豆、葱蒜类受害最重。

为害特点 幼虫在叶背吸食汁液，使叶面现灰白色细密斑点或局部枯死，影响生长发育。

防治方法 发生初期喷洒4%阿维·啶虫乳油3500倍液或5%啶虫脒乳油2500倍液。

桑蟥

学名 *Rondotia menciana* Moore，属鳞翅目、蚕蛾科。别名：桑蚕、白蚕、白蟥、松花蚕等。分布于江苏、浙江、安徽、山东、河南、河北、山西、陕西、甘肃、湖南、湖北、江西、四川、广东及东北各省。

寄主 桑、枸杞、楮等。

为害特点 以幼虫在叶背食害叶肉，蛀食成大小不一的孔洞，严重的只剩叶脉。

形态特征 成虫：体长9.5mm，翅展35 ～ 40mm。体翅黄色。复眼球形，黑褐色。触角栉状，黄褐色。胸部、腹部背面具黄褐色毛丛。前翅顶角外突，下方向内凹，外横线、内横线为2条黑褐色波状纹，中室端具黑褐色短纵纹。雌蛾腹部腹面具棕黑色毛。末龄幼虫：体长24mm，头棕褐色，胸部乳白色，各体节多皱纹，皱纹间具黑斑，老熟后黑斑消失。腹部第8腹节背面具1棕黑色臀角。

生活习性 桑蟥同在一个地区发生代数不同，具有一代一化性、二代一化性、三代一化性之分。均以有盖卵块在枝或干上越冬。北方多为一代性，浙江一带多为二代性。1代幼虫

桑蟥成虫放大

于6月下旬盛孵，称作头螨，7月中旬化蛹，7月下旬羽化交配后产卵，这时一代性蛾产出有盖卵越冬。二代性和三代性的雌蛾则产无盖卵继续发育。8月上旬进入2代幼虫盛孵期，一般称之为二螨，8月下旬化蛹，9月上旬羽化产卵，二代性蛾则产有盖卵越冬，三代性蛾产无盖卵继续发育。第3代幼虫于9月中旬孵化，通称三螨，于10月上旬化蛹，10月下旬羽化后产有盖卵块越冬。成虫喜在白天羽化，把无盖卵块产在叶背，个别产在枝条上。有盖卵多产在桑树主干、支干或1年生枝条上，形成卵块，有盖卵块有卵120～140粒，无盖卵块有卵280～300粒。幼虫喜在上午孵化，初孵幼虫啃食叶肉，后咬食叶片。第1、第2代幼虫老熟后在叶背结茧化蛹，第3代幼虫在枝干上结茧化蛹，蛹期6～17天。其天敌主要有桑螨黑卵蜂、桑螨聚瘤姬蜂、桑螨寄生蝇、广大腿蜂等。

防治方法 （1）冬季进行人工刮卵，夏季注意杀灭螨茧。（2）在各代幼虫盛孵期灭螨，即6月下旬灭头螨、8月上旬灭二螨、9月下旬灭三螨，及时喷洒80%敌敌畏乳油1000倍液或40%辛硫磷乳油1000倍液、14%阿维·丁硫乳油1000～1500倍液。

红棕灰夜蛾

学名 *Polia illoba*（Butler），属鳞翅目、夜蛾科。别名：苜蓿紫夜蛾、桑夜盗虫。分布在黑龙江、吉林、内蒙古、宁夏、山西、河北、山东、江苏、上海、江西、福建等地。

寄主 草莓、黑莓、枸杞、桑等。红棕灰夜蛾偏食枸杞红熟果，是枸杞重要害虫。

为害特点 幼虫食叶成缺刻或孔洞，严重时可把叶片食光，也可为害嫩头、花蕾和浆果。

红棕灰夜蛾棕色型幼虫

形态特征 成虫：体长15～18mm，翅展38～42mm。棕色至红棕色，腹部褐色，腹端具褐色长毛。前翅上剑纹粗大，褐色；环纹灰褐色，圆形；肾纹不规则，较大，灰褐色；外线棕褐色，锯齿形；亚端线在中脉后不成锯形；缘毛褐色。翅基片长，毛笔头状。后翅大部分红棕色，基部色淡，缘毛白色。各足跗节均有白色环。末龄幼虫：体长35～45mm，头具褐色网纹，单眼黑色，前胸盾褐色，背线和亚背线各具1纵列黄白色小圆斑，圆斑上生出棕褐色边，每节每列5～7个，毛片圆形黑色，气门线黑褐色，沿上方具深褐色圆斑；气门下线浅黄色至黄色，腹足颜色与体色相同。趾钩单序带。初孵幼虫：浅灰褐色，腹部紫红色，全体布有大而黑的毛片，足呈尺蠖状，取食后至3龄幼虫绿色或青绿色，4龄后出现红棕色型，6龄时基本都成为红棕色。

生活习性 吉林、银川年生2代，以蛹越冬，翌年吉林第1代成虫于5月上旬出现，6月上旬出现第1代幼虫，8月上旬第2代成虫始见，交配产卵常把卵产在叶面或枝上，每雌产卵150～200粒；银川第1代成虫5月中、下旬出现，第2代成虫于7月下旬～8月上旬出现，1～2龄幼虫群聚在叶背食害叶肉，有的钻入花蕾中取食，3龄后开始分散，4龄时出现假死性，白天多栖息在叶背或心叶上，5 ～ 6龄进入暴食期，每24h即可吃光1 ～ 2片叶子，末龄幼虫食毁嫩头、蕾花、幼果等，影响翌年生长。幼虫进入末龄后于土内3 ～ 6cm处化蛹。成虫有趋光性。幼虫白天隐居叶背，主要在夜间取食，受惊扰有蜷缩落地习性。其天敌有齿唇茧蜂、蜘蛛、蓝蝽等。

防治方法 （1）成片安置黑光灯，进行测报和防治。（2）人工捕杀幼虫。（3）幼虫低龄期喷洒10%苏云金杆菌可湿性粉剂700倍液或5%氟苯脲乳油1000 ～ 1500倍液、10%醚菊酯悬浮剂1500倍液、5.7%氟氯氰菊酯乳油3000倍液。

霜茸毒蛾

学名 *Dasychira fascelina*（Linnaeus），属鳞翅目、毒蛾科。别名：灰毒蛾。分布于内蒙古、黑龙江、青海、新疆、西藏。

寄主 枸杞、苹果、梨、桃、栎、豆类等。

为害特点 幼虫食叶成缺刻或孔洞。

形态特征 雌蛾翅展40 ～ 50mm，雄蛾34 ～ 42mm。触角干灰白色，栉齿灰褐色；下唇须、头、胸、腹部和足灰黑色

霜茸毒蛾雌成虫

带褐色，后胸背面有赭色斑，足跗节具黑斑。前翅灰黑色，内区前半白灰色，基线黑色，内线黑色；横脉纹白色；外线黑色，亚端线白色，波浪状，其内缘具1列黑色斑点；后翅暗灰色。卵：长1mm，扁圆形，灰白色。幼虫：头黑色有赭色斑；体黑白色，前胸背面两侧各具1向前伸的黑灰色长毛束，第1～5腹节背面有黑色短毛刺，第8腹节背面生1黑色毛束，足间黑灰色。蛹：黑褐色，臀棘圆锥形，末端有小钩。

生活习性 我国东北、西北地区年生1代，以3～4龄幼虫在枯枝落叶层中越冬，翌年6月化蛹，6～7月间羽化，成虫把卵产在树枝或主干上，小堆状，上覆雌蛾腹末黑毛，卵于7～8月间孵化，幼虫开始为害。

防治方法 （1）秋末清园，减少越冬基数。（2）喷洒90%敌百虫可溶性粉剂900倍液或50%敌敌畏乳油1000倍液。

草地螟

学名 *Loxostege sticticalis* Linnaeus，属鳞翅目、螟蛾科。别名：黄绿条螟、甜菜网螟、网锥额野螟。分布在吉林、内蒙古、黑龙江、宁夏、甘肃、青海、河北、山西、陕西、江苏等地。

草地螟幼虫

草地螟成虫为害枸杞

寄主 枸杞、苹果、梨、枣、高粱、豌豆、扁豆、胡萝卜、葱、洋葱、玉米等。

为害特点 初孵幼虫取食叶肉，残留表皮，长大后可将叶片吃成缺刻或仅留叶脉，使叶片呈网状。大发生时，也为害花和幼荚。

形态特征 成虫：体长8～12mm，体、翅灰褐色，前翅有暗褐色斑，翅外缘有淡黄色条纹，中室内有一个较大的长方形黄白色斑；后翅灰色，近翅基部较淡，沿外缘有两条黑色平行的波纹。老熟幼虫：体长19～21mm，头黑色有白斑，胸、腹部黄绿或暗绿色，有明显的纵行暗色条纹，周身有毛瘤。

生活习性 分布于我国北方地区，年发生2～4代，以老熟幼虫在土内吐丝做茧越冬。翌春5月化蛹及羽化。成虫飞翔力弱，喜食花蜜，卵散产于叶背主脉两侧，常3～4粒在一起，以距地面2～8cm的茎叶上最多。初孵幼虫多集中在枝梢上结网躲藏，取食叶肉，3龄后食量剧增。幼虫共5龄。

防治方法 （1）加强预测预报，注意其发生动态，及时发布预报，指导防治工作。（2）蛾峰日到来前，锄草避卵，减少田间落卵量，卵孵化前，锄草灭卵，减少田间卵孵化率。幼虫孵化后进入2龄盛期后要先治虫再锄草；老熟幼虫入土后及时中耕、浇水，减少本代及越冬种群数量。（3）采取挑治和普治相结合，于3龄前喷洒16000IU/mg苏云金杆菌可湿性粉剂500倍液或4.5%高效氯氰菊酯乳油4000倍液、2.5%高效氯氟氰菊酯乳油2000倍液、25%辛·氰乳油800倍液、5%啶·高乳油1500倍液。

5. 樱桃、大樱桃病害

樱桃立枯病

症状 生产上是为害樱桃苗圃的主要病害。主要为害幼苗茎基部。初生暗褐色椭圆形病斑，樱桃病苗白天萎蔫，夜间恢复，后期病斑凹陷腐烂，当病斑扩展到绕茎一周后造成幼苗倒伏而枯死。

病原 *Rhizoctonia solani*，称立枯丝核菌，属真菌界担子菌门无性型丝核菌属。有性型为*Thanatephorus cucumeris*，称瓜王革菌，属真菌界担子菌门瓜亡革菌属。

传播途径和发病条件 该病的病原菌在土壤中或病组织中越冬，生产上通过农具、水流传播，从种子发芽到长出4片真叶期间樱桃树均可发病，尤其易感染子叶。生产上地势低洼或排水不良或土壤黏重或植株过密，幼苗出土后，遇连阴天多或雨后易发病。

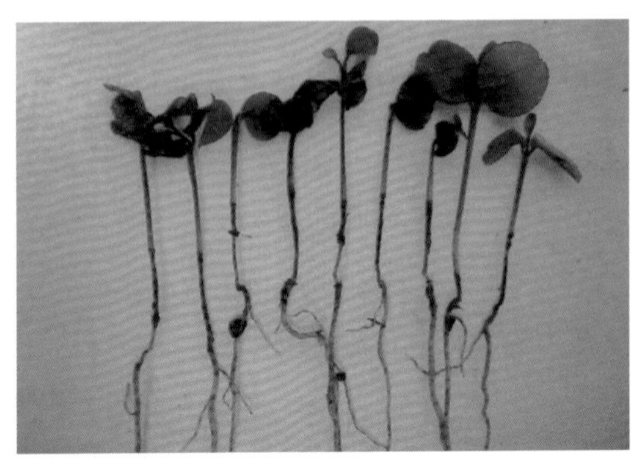

樱桃立枯病

防治方法 （1）科学选用育苗基地，不要重茬，选无病地育苗。（2）育苗前用0.5%炭疽福美乳油或70%甲基硫菌灵可湿性粉剂，每平方米苗床用药8～9g拌土1kg育苗。（3）幼苗期发病前喷洒75%百菌清可湿性粉剂900倍液或80%福•福锌（炭疽福美）可湿性粉剂700倍液。

樱桃、大樱桃褐腐病

症状 春季染病产生花朵腐烂，发病初期花药、雌蕊坏死变褐，向子房、花梗扩展，病花固着在枝上，天气潮湿时产生分生孢子座和病花表面出现分生孢子层。枝条染病，病花上的菌丝向小枝扩展并产生椭圆形至梭形溃疡斑，溃疡边缘出现流胶，当溃疡斑扩大至绕枝1周时，上段即枯死。枝上叶片变棕至褐色干枯，不脱落，小枝溃疡常向大枝蔓延。成熟果实染病，果腐扩展快，侵染后2天就发生果腐，病部褐色，病果上长出分生孢子座，表生分生孢子层。

病原 *Monilinia fructicola*（称美澳型核果链核盘菌）和*M.laxa*（称核果链核盘菌）2种，均属真菌界子囊菌门。前者能侵害李属的所有栽培种，在桃、油桃和李及樱桃上危害特重，不仅引起花朵腐烂、小枝枯死，危害最重的是造成果腐，尤其是成熟期烂果。后者寄主以杏、巴旦杏、甜樱桃、桃及油桃为主，造成花朵腐烂，结果树枯死是其明显特点，该菌很少侵害苹果和梨。

传播途径和发病条件 美澳型核果链核盘菌病果落地，当条件适宜时假菌核生成子囊盘，产生子囊孢子，子囊孢子借风雨传播，可以进行初侵染。其有性阶段和无性阶段都会在侵染中起作用。几种链核盘菌都能以无性型菌丝体在树上的僵果、病枝、残留的病果果柄等处越冬。晚冬早春，温度达5℃

樱桃褐腐病为害枝条

大樱桃果实褐腐病

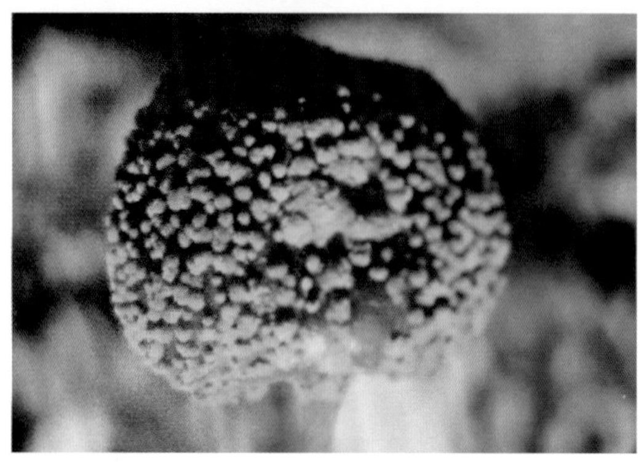

樱桃褐腐病病果长出灰白色粉状物（范昆摄）

以上，遇冷湿条件产生分生孢子座和分生孢子，分生孢子萌发要求寄主表面有自由水，萌发温限5 ～ 30℃，最适萌发温度20 ～ 25℃，水膜连续保持3 ～ 5h，即可侵染。很多樱桃园春季很少出现子囊世代的地方或年份，初侵染源主要是树上的病残体产生分生孢子。在果园进入开花期，花朵先发病，后向结果枝扩展，造成小枝枯死或大枝溃疡。病部又产生孢子，在坐果后侵染幼果，樱桃幼果上可能有潜伏侵染，到果实成熟期引起褐腐。该菌在花期侵染花，潮湿时间持续5h才能侵染，随持续时间延长，侵染率提高，降雨后产孢增多，发病率高，发病严重。

防治方法 （1）樱桃发芽前清除地面、树上的病枝、病果，喷洒45%代森铵水剂300 ～ 400倍液或3°Bé石硫合剂抑制越冬病菌产孢。（2）春季多雨地区喷洒50%腐霉利可湿性粉剂1500倍液或50%异菌脲悬浮剂1000倍液。（3）生长期注意捡拾病果和病落果，清除滋生基物，降低褐腐病菌接种体数量。（4）中晚熟品种预防采前采后褐腐病病果，可喷洒75%二氰蒽醌可湿性粉剂800倍液或10%苯醚甲环唑水分散粒剂2000倍液或25%丙环唑乳油2000倍液。采收前10天喷洒25%嘧菌酯悬浮剂3000倍液。

樱桃、大樱桃炭疽病

症状 主要为害果实，也为害新梢、叶片和幼芽。幼果染病出现暗褐色萎缩硬化，发育停止，果实表面产生水渍状浅褐色病斑，圆形，后逐渐变成暗褐色干缩凹陷。湿度大时病斑上长出橙红色小粒点，即病原菌分生孢子堆，常融合成不规则大斑，造成果实软腐脱落或干缩成僵果挂在树枝上。叶片染病初生褐色圆斑，随后中央变为灰白色的圆形病斑。叶柄染病叶片变成茶褐色焦枯状，引起基部芽枯死。

樱桃炭疽病发病初期症状（李晓军）

樱桃炭疽病发病初期

樱桃炭疽病病果上的炭疽斑长出橘红色小点（许渭根）

病原 *Colletotrichum gloeosporioides*，称胶孢炭疽病，属真菌界无性型子囊菌。有性态称围小丛壳。无性型真菌产生分生孢子盘和分生孢子，分生孢子卵圆形，两端略尖，(11～16) μm×(4～6) μm。

传播途径和发病条件 病原菌在枯死的病芽、短果枝叶痕部越冬，翌年春天气温10℃以上时产生分生孢子，借风雨传播，6月进入发病盛期，造成果实、叶片发病。

防治方法 (1) 冬剪时注意剪除枯死病芽、病枝、枯梢，清除僵果并烧毁。(2) 芽膨大时喷洒索利巴尔50倍液或4°Bé石硫合剂。(3) 幼果豆粒大小时喷洒25%咪鲜胺乳油1500倍液或10%苯醚甲环唑水分散粒剂或悬浮剂1500倍液、75%二氰蒽醌可湿性粉剂800倍液、50%福·福锌可湿性粉剂800倍液。

樱桃、大樱桃灰霉病

症状 樱桃、大樱桃灰霉病主要为害花萼、果实和叶片。花萼和刚落花的幼果染病时果面上现水渍状浅褐色凹陷斑点，后扩展成浅褐色圆形至不规则形斑块或形状不规则软腐，储运过程中很易长出灰绿色霉丛或鼠灰色霉状物。叶片染病产生褐色不规则形病斑，有时产生不大明显的轮纹。

病原 *Botrytis cinerea*，称灰葡萄孢，属真菌界无性型子囊菌。有性型为*Botryotinia fuckeliana*，属真菌界子囊菌门。分生孢子梗顶端明显膨大，有时在中间形成1分隔。分生孢子卵圆形或侧卵形至宽梨形，分生孢子大小多在7.5～12.5μm之间，扫描电镜下，壁表光滑。越冬后的菌核多以产生孢子的方式萌发。

樱桃叶片上的灰霉病病斑放大

大樱桃灰霉病

传播途径和发病条件 该菌以分生孢子或菌核在病残体上越冬，翌年樱桃展叶后菌核萌发后产生的分生孢子借水滴、雾滴、风雨传播，直接侵入近成熟的樱桃果实或叶片，发病适温为15～20℃，果实近成熟期阴雨天多，气温低易发病。

防治方法 （1）加强田间管理，雨后及时排水，科学合理施肥。（2）及时清除病落叶、病果。（3）储运时采用低温处理。（4）田间发病初期喷洒25%咪鲜胺1500倍液或25%腐霉利·福美双可湿性粉剂1000倍液、40%菌核净可湿性粉剂800～1000倍液、50%多·福·乙可湿性粉剂800倍液、21%过氧乙酸水剂1200倍液。

樱桃、大樱桃链格孢黑斑病

症状 主要为害樱桃叶片和果实。叶片上产生圆形灰褐色至茶褐色病斑，直径约6mm，扩大后产生轮纹，大的10mm，边缘有暗色晕。子实体主要生在叶斑正面。果实染病，初生褐色水渍状小点，后扩展成圆形凹陷斑，湿度大时，病斑上长出灰绿至灰黑色霉，即病原菌的菌丝、分生孢子梗和分生孢子。

病原 *Alternaria cerasi*，称樱桃链格孢，属真菌界无性型子囊菌。分生孢子梗单生或簇生，分隔，基部常膨大，（24 ～ 50）μm×（3.5 ～ 6）μm。分生孢子单生或成链，倒梨形，褐色，具横隔膜4 ～ 7个，纵隔膜1 ～ 13个，分隔处明显缢缩，年老的孢子部分横隔常加厚，孢身（18 ～ 61）μm×（11 ～ 23.5）μm，假喙柱状，浅褐色，顶端常膨大，（5 ～ 36.6）μm×（2.5 ～ 6）μm。

传播途径和发病条件 病原菌在病部或芽鳞内越冬，借风雨或昆虫传播，强风暴雨利其流行，生产上缺肥树势衰弱易发病。

樱桃链格孢黑斑病

大樱桃链格孢黑斑病

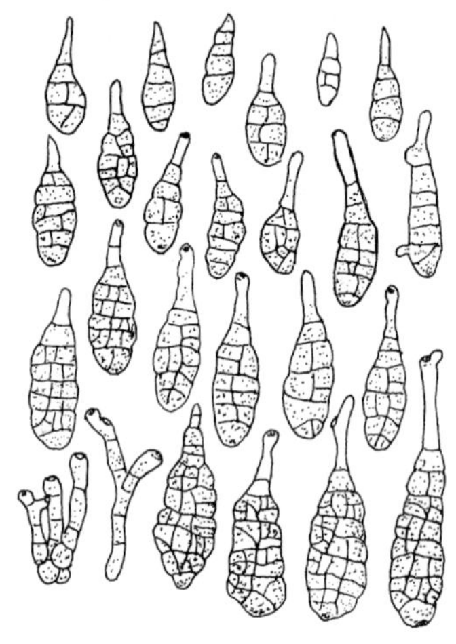

樱桃链格孢分生孢子梗和分生孢子

防治方法 （1）樱桃园通过施用有机肥把土壤有机质含量提高到2%以上，可增强抗病力。（2）樱桃树发芽前喷5°Bé石硫合剂。（3）发病前喷80%波尔多液800倍液。（4）发病初期喷洒50%福·异菌可湿性粉剂800倍液、40%百菌清悬浮剂600倍液、50%异菌脲可湿性粉剂1000倍液。

樱桃、大樱桃细极链格孢黑斑病

症状 叶片产生水渍状褐色小点，后扩展成近圆形病斑。

果实染病，亦生灰褐色病变，后变成黑褐色病斑。

病原 *Alternaria tenuissima*，称细极链格孢，属真菌界无性型子囊菌，该菌在PCA培养基上25℃、5天内形成超过10个孢子的分生孢子链。分生孢子梗从基内或表面的主菌丝上直接产生，直立，偶分枝，分隔，浅褐色，（24 ～ 77.5）μm×（3.5 ～ 5）μm。分生孢子倒棍棒形或长椭圆形，浅褐色至中等褐色，成熟的分生孢子具4 ～ 7个横隔膜，1 ～ 4个纵或斜隔膜，常有1 ～ 4个主隔胞较粗色深更为醒目，孢身（23 ～ 41.5）μm×（8.5 ～ 12）μm，假喙大小（3.5 ～ 12）μm×（2 ～ 4.5）μm。别于樱桃链格孢。

樱桃细极链格孢黑斑病

大樱桃细极链格孢黑斑病

传播途径和发病条件、防治方法 参见樱桃、大樱桃链格孢黑斑病。

樱桃、大樱桃枝枯病

症状 江苏、浙江、山东、河北樱桃产区均有发生，造成枝条大量枯死，影响树势。皮部松弛稍皱缩，上生黑色小粒点，即病原菌分生孢子器。粗枝染病，病部四周略隆起，中央凹陷，呈纵向开裂似开花馒头状，严重时木质部露出，病部生浅褐色隆起斑点，常分泌树脂状物。

病原 *Phomopsis mali* Roberst，称苹果拟茎点霉，属真菌界无性型子囊菌。病枝上的小黑点即病菌的子座和分生孢子器，内含分生孢子梗和两型分生孢子，一种为椭圆形，单胞无色，两端各具1油球，另一种丝状，单胞无色，一端明显弯曲状。为害樱桃、苹果、梨、李子枝干，引起枝枯病。

传播途径和发病条件 病菌以子座或菌丝体在病部组织内越冬，条件适宜时产生大量两型分生孢子，借风雨传播，侵入枝条，后病部又产生分生孢子，进行多次再侵染，致该病不断扩展。3～4年生樱桃树受害重。

樱桃枝枯病

防治方法 （1）加强管理，使树势强健。发现病枝，及时剪除。冬季束草防冻。（2）抽芽前喷30%乙蒜素乳油400～500倍液。（3）4～6月喷洒75%二氰蒽醌可湿性粉剂800倍液或刮病斑后用50%苯菌灵可湿性粉剂150倍液涂抹。

樱桃、大樱桃疮痂病

症状 又称黑星病。主要为害果实，也为害枝条和叶片。果实染病，初生暗褐色圆斑，大小2～3mm，后变黑褐色至黑色，略凹陷，一般不深入果肉，湿度大时病部长出黑霉，病斑常融合，有时1个果实上多达几十个。叶片染病生多角形灰绿色斑，后病部干枯脱落或穿孔。

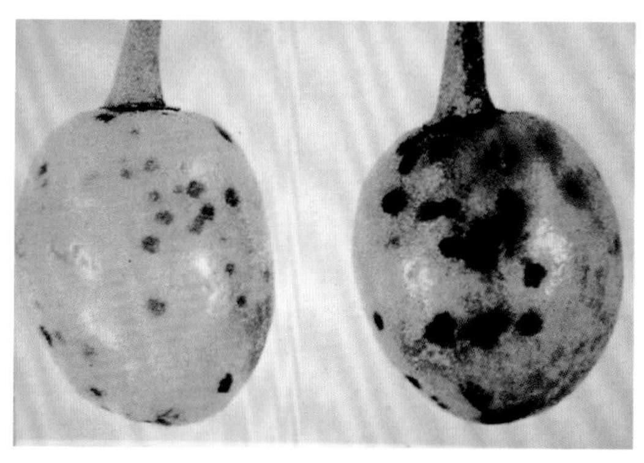

樱桃疮痂病病果上的疮痂（王金友）

樱桃疮痂病病叶

病原 *Venturia cerasi*，称樱桃黑星菌，属真菌界子囊菌门。无性型为*Fusicladium cerasi*，称樱桃黑星孢，属真菌界无性态子囊菌。分生孢子梗直立于子座上，单生或簇生，多无隔膜，孢痕明显，短，（13.5 ～ 27）μm×（4.1 ～ 8.1）μm。分生孢子宽梭形，浅褐色，0 ～ 1个隔膜，上端略尖，基部平截，（13.5 ～ 21.6）μm×（4.1 ～ 5.4）μm。

传播途径和发病条件 病菌以菌丝在枝梢病部越冬，翌年4 ～ 5月产生分生孢子，借风雨传播，进行初次侵染。多雨及潮湿天气有利于病菌分生孢子的传播，樱桃园地势低洼或枝条郁闭利于该病发生。早熟品种发病轻，中晚熟品种易感病。

防治方法 （1）及时清园，结合冬季修剪，及时剪除病枝使树冠通风。进入雨季注意排水，防止湿气滞留十分重要。（2）芽萌动期喷洒1 ∶ 1 ∶ 100倍式波尔多液或3 ～ 4°Bé石硫合剂混合0.3%五氯酚钠。也可在落花后发病前喷洒70%甲基硫菌灵可湿性粉剂700倍液或75%二氰蒽醌可湿性粉剂800倍液、50%氟啶胺悬浮剂2000倍液。上述药剂轮换使用。

樱桃、大樱桃褐斑穿孔病

症状 主要为害叶片和新梢。叶上病斑圆形或近圆形，略带轮纹，大小1 ～ 4mm，中央灰褐色，边缘紫褐色，病部生灰褐色小霉点，后期散生的病斑多穿孔、脱落，造成落叶。

病原 *Mycosphaerella cerasella*，称樱桃球腔菌，属真菌界子囊菌门。无性型为*Pseudocercospora circumscissa*，称核果假尾孢，属真菌界无性态子囊菌。子囊座球形至扁球形，大小72μm。子囊圆筒形，大小35.4μm×7.6μm。子囊孢子纺锤形，双细胞，无色，大小15.3μm×3.1μm。无性态的子座生在叶表皮下，球形，暗褐色，大小20 ～ 55μm。分生孢子梗紧密

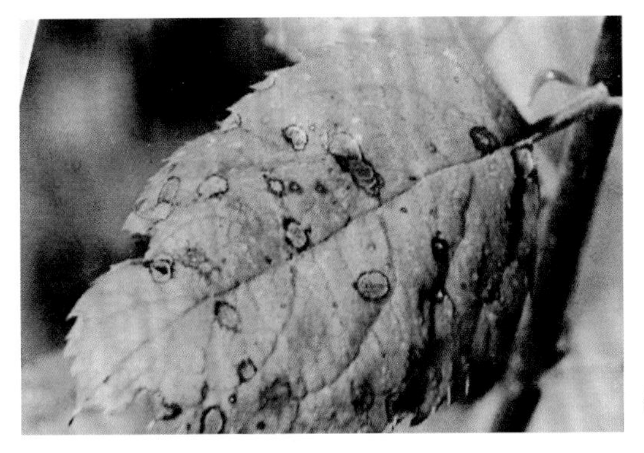

樱桃褐斑穿孔病

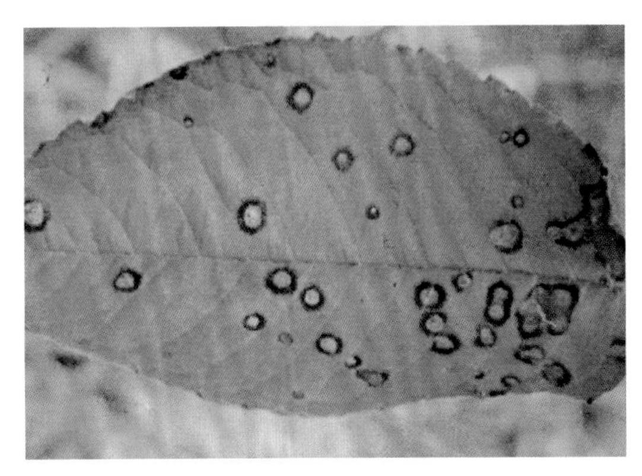

樱桃褐斑穿孔病
（曹子刚）

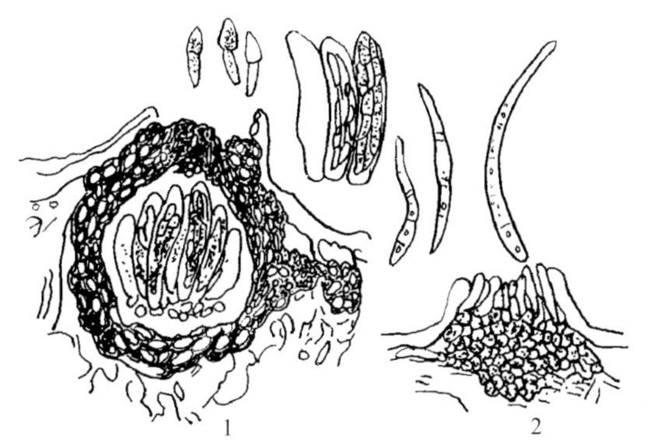

樱桃褐斑穿孔病病菌
1—子囊壳、子囊及子囊孢子；
2—分生孢子的形成

簇生在子座上，青黄色，宽度不规则，不分枝，有齿突，屈膝状，直立或略弯曲，顶端圆锥形，0～2个隔膜，大小（6.5～35）μm×（2.5～4）μm。分生孢子圆柱形，近无色，直立至中度弯曲，顶端钝，基部长倒圆锥形平截，3～9个隔膜，大小（25～80）μm×（2～4）μm。除为害樱桃外，还侵染枇杷、李、杏、福建山樱桃、山桃、稠李、桃、日本樱花、梅等。

传播途径和发病条件 病菌主要以菌丝体在病落叶上或枝梢病组织内越冬，也可以子囊壳越冬，翌春产生子囊孢子或分生孢子，借风、雨或气流传播。6月开始发病，8～9月进入发病盛期。温暖、多雨的条件易发病。树势衰弱、湿气滞留或夏季干旱发病重。

防治方法 （1）选用抗病品种。（2）秋末彻底清除病落叶，剪除病枝集中烧毁。（3）精心养护。干旱或雨季应注意及时浇水和排水，防止湿气滞留；采用配方施肥技术，增强树势。（4）展叶后及时喷洒50%乙霉·多菌灵可湿性粉剂1000倍液或50%异菌脲或福·异菌可湿性粉剂800倍液、70%代森锰锌可湿性粉剂500倍液，也可用硫酸锌石灰液，即硫酸锌0.5kg、消石灰2kg，加水120kg配成。

樱桃、大樱桃菌核病

症状 主要为害果实，发病初期在果面生褐色病斑，逐渐向全果扩展，致病果收缩，形成僵果，悬挂在枝梢上面不落或脱落。病果后期遍生灰白色小块状物。该病在展叶时，也为害叶片，受害叶片初生褐色不明显的病斑，逐渐向全叶扩展，造成叶片早枯，后期在病叶上也出现灰白色粉质小块。

病原 *Monilinia fructigena*（称果产链核盘菌）和*M.laxa*（称核果链核盘菌）。僵果为病菌的菌核。菌核萌发产生子囊

大樱桃菌核病（一）

大樱桃菌核病（二）

盘，子囊盘中生有排成1列的子囊，子囊圆筒形，内生8个子囊孢子。病部所见灰白色粉质小块是病菌的分生孢子块。分生孢子梗丛生，分生孢子串生，短椭圆形。

传播途径和发病条件 病菌以菌核在僵果内越冬，翌春长出子囊盘，散出子囊孢子，借风雨传播侵染为害；或在春雨之后空气湿度大，产生大量分生孢子，借风雨传播，从皮孔或伤口侵入侵害果实，并不断产生分生孢子进行再侵染。

防治方法 （1）加强管理，收集病果深埋或烧毁；注意果园通风通光。（2）开花前或落花后喷洒50%乙烯菌核利水分散粒剂800 ～ 900倍液或40%菌核净可湿性粉剂900倍液、50%腐霉利可湿性粉剂1000倍液。

樱桃、大樱桃细菌性穿孔病

症状 为害叶片、枝梢和果实。叶片发病产生紫褐色或黑褐色圆形至不规则形病斑，大小2～3mm，四周有水渍状黄绿晕圈。病斑干后在病健交界处现裂纹产生穿孔。枝梢发病时，初生溃疡斑，翌春长出新叶时，枝梢上产生暗褐色水渍状小疱疹状斑，大小2～3mm，后可扩展到10mm左右，其宽度达枝梢粗的一半，有时形成枯梢。果实发病，产生中央凹陷的暗紫色、边缘水浸状圆斑，湿度大时溢出黄白色黏质物；气候干燥时病斑或四周产生小裂纹。

病原 *Xanthomonas campestris* pv.*pruni*，称甘蓝黑腐黄单胞桃穿孔致病型，属细菌域普罗特斯细菌门。

传播途径和发病条件 该细菌主要在病枝条上越冬，翌春气温上升樱桃开花时，潜伏在枝条里的细菌从病部溢出，借雨水溅射传播，从叶片的气孔及枝条、果实的皮孔侵入。河北南部、江苏北部、山东一带5月中、下旬开始发病，一般夏季无雨该病扩展不快，进入8～9月雨多的季节，常出现第2个发病高峰，造成大量落叶。经试验温度25～26℃潜育期为4～5天，气温20℃ 9天。生产上遇有温暖、雨日多或多雾该

大樱桃细菌性穿孔病

病易流行，树势衰弱、湿气滞留、偏施过施氮肥的樱桃园发病重。

防治方法 （1）提倡采用避雨栽培法，可有效推迟发病。（2）精心管理。采用樱桃配方施肥技术，不要偏施氮肥；雨后及时排水，防止湿气滞留。（3）结合修剪，特别注意清除病枝、病落叶，并集中深埋。（4）种植樱桃提倡单独建园，不要与桃、李、杏、梅等果树混栽，距离要远。（5）发病前或发病初期喷洒72%农用高效链霉素可溶性粉剂2500倍液或3%中生菌素可湿性粉剂600倍液、25%叶枯唑可湿性粉剂600倍液，隔10天1次，防治2～3次。

樱桃、大樱桃根霉软腐病

樱桃根霉软腐病又称黑霉病，是樱桃采收储运销售过程中常见的重要病害。发病速度快，常造成巨大损失。

症状 成熟樱桃果实上产生暗褐色病变，初生白色蛛网状菌丝，迅速向四周好果上扩展，几天后白色菌丝变黑，常使整箱樱桃变成灰黑色，流出汁液，失去商品价值。

大樱桃根霉软腐病病果上的菌丝和孢子囊

病原 *Rhizopus stolonifer*，称匍枝根霉，属真菌界接合菌门根霉属。该菌的假根发达，常从匍匐菌丝与寄主基质接触处长出多分枝，孢子囊梗直立，无分枝，2 ～ 8根丛生在假根上，粗壮，顶端着生较大的球状孢子囊，大小（380 ～ 3450）μm×（30 ～ 40）μm；孢子囊褐色至黑色，直径80 ～ 285μm，内生有许多小的圆形孢囊孢子。

传播途径和发病条件 上述病菌广泛存在于空气和土壤中，借空气流动传播，从伤口侵入。该菌能侵染多种水果，果实成熟过度或储运、销售过程中湿度大，气温25℃左右很易发病。

防治方法 （1）适期采收，避免成熟过度，采收和运输过程中要千方百计地减少伤口。（2）选用通风散湿的包装，防止箱内湿度过高。（3）应在低温条件下储存运输，防止该病发生。

樱桃、大樱桃腐烂病

症状 多发生在主干或主枝上，造成树皮腐烂，病部紫褐色，后变成红褐色，略凹陷，皮下呈湿润状腐烂，发病后期刮开表皮可见病部生有很多黑色突起的小粒点，即病原菌的假子座。小枝发病后多由顶端枯死。

病原 *Leucostoma cincta*，称核果类腐烂病菌，属真菌界子囊菌门，无性态为*Leucocytospora cincta*，异名*Valsa cincta*和*Cytospora cincta*（无性型）。也有认为是*Valsa prunastri*。病原菌在树皮内产生假子座，假子座圆锥形，埋生在树皮内，顶端突出。子囊壳球形，有长颈，子囊孢子腊肠形。无性态产生分生孢子器。分生孢子由孔口溢出，产生丝状物。

樱桃腐烂病病株开始枯死

樱桃腐烂病

樱桃腐烂病病皮开裂（李晓军摄）

传播途径和发病条件 生产上遇有冷害、冻害、伤害及营养不足树势衰弱时易发病，修剪不当，伤口多，有利于病菌侵染。孢子在春、秋两季大量形成，借雨水传播，进行多次再侵染。

防治方法 （1）调运苗木要严格检疫。（2）树干涂白或主干基部缠草绳防止冻害。（3）增施有机肥提高抗病力。（4）结合冬季修剪清除病枝、僵果、落叶，刮除病疤，涂抹80%乙蒜素乳油100倍液或喷洒1000倍液，防止流胶。（5）发病初期喷洒30%戊唑·多菌灵悬浮剂1000倍液，隔10天1次，防治2～3次。

樱桃、大樱桃朱红赤壳枝枯病

症状 主要引起枝枯和干部树皮腐烂，发病初期无明显症状，病枝叶片可能萎蔫，枝干溃疡，皮层腐烂、开裂，后皮失水干缩，春夏在病部长出很多粉红色小疣，即分生孢子座，其直径及高均为0.5～1.5mm。秋季在其附近产生小疱状的红色子囊壳丛，剥去病树皮可见木质部褐变。枝干较细的溃疡部可绕枝1周，病部以上枝叶干枯。

病原 *Nectria cinnabarina*，称朱红赤壳，属真菌界子囊菌门。无性态为*Tubercularia vulgaris*。子囊壳群集在瘤状子座上，近球形，顶部下凹，鲜红色，直径约400μm。子囊棍棒状，（70～85）μm×（8～11）μm，侧丝粗，有分枝。子囊孢子长卵形，双胞无色，（12～20）μm×（4～6）μm。分生孢子座大，粉红色，分生孢子椭圆形，单胞无色，（5～7）μm×（2～3）μm。此病原菌为弱寄生菌，多为害树体衰弱的树木。

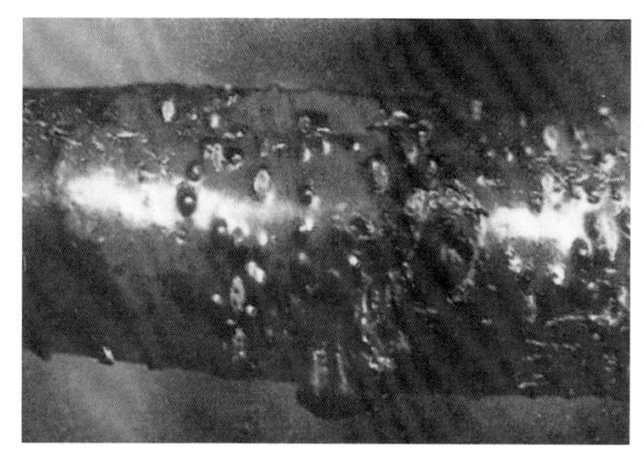

樱桃朱红赤壳枯枝病

传播途径和发病条件 生长期孢子随风雨、昆虫、工具等传播，病树、病残体等均为重要菌源。

防治方法 （1）加强樱桃园管理，深翻扩穴，适当施肥，增强树势，提高抗病力十分重要。（2）注意防寒，春季防旱，严防抽条。（3）及时剪除病枯枝，刮除大枝上的病斑，刮后涂41%乙蒜素乳油50倍液，1个月后再涂1次，也可喷洒30%戊唑·多菌灵悬浮剂1000倍液、21%过氧乙酸水剂1200倍液。

樱桃、大樱桃溃疡病

症状 为害叶片和茎秆。叶片染病产生红褐色至黑褐色圆形斑或角斑，多个病斑往往融合成不规则形大枯斑，可形成穿孔。在不成熟的樱桃果实上呈水渍状，边缘出现褐色坏死。受侵染组织崩解，在果肉里留下深深的黑色带，边缘逐渐由红变黄。茎部受害产生茎溃疡，呈水渍状、边缘褐色坏死圆形斑，往往流胶，引起枝条枯死。潜伏侵染的叶和花芽在春天不开花，出现死芽现象。花的枯萎随着侵染的发展迅速扩展到整个花束，致整束花成黑褐色。芽、茎秆、枝条上的溃疡逐渐凹陷，且颜色深。进入晚春和夏天经常出现流胶现象。进入秋季和冬季，病菌则通过叶片的伤口侵入植株，出现病痕，几个月后病痕扩展，造成枝梢枯死。在低温条件下由于病原菌具冰核作用，诱导细菌侵入，植株的修剪口、伤口也为病原菌提供了侵入的途径。

病原 *Pseudomonas syringae* pv.*morsprunorum*，称丁香假单胞菌李变种。属细菌域普罗特斯细菌门。除侵染樱桃外，还可侵染桃、洋李、榆叶梅等。

传播途径和发病条件 病菌借风雨、昆虫及人和工具传播，病菌多从果实、叶、枝梢的伤口、气孔、皮孔侵入，进入春天叶片上的病斑为该病的发生提供了大量侵染源。秋季叶片上附生的病原细菌也是病原菌侵入樱桃叶片的侵染源。自然传

樱桃溃疡病病叶

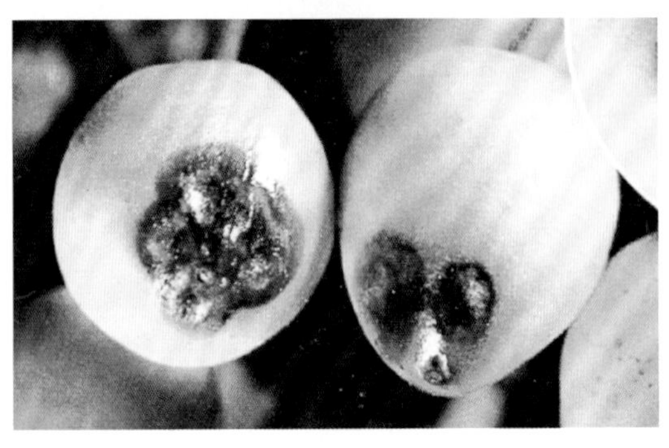

樱桃溃疡病果实受害状

播不是远距离的，国际间苗木的调运是该病传播的主要途径。

防治方法 （1）严格检疫。发现有病苗木及时销毁，生产上栽植健康苗木。（2）采用樱桃配方施肥技术，增施有机肥，使樱桃园土壤有机质含量达到2%，增强树势，提高抗病力十分重要。（3）发芽前喷洒5°Bé石硫合剂，发芽后喷洒50%氯溴异氰尿酸可溶性粉剂1000倍液或硫酸锌石灰液（硫酸锌0.5kg、消石灰2kg、水120kg，每月1次）。近年，果农直接喷硫酸锌2500倍液，效果好，但有些品种有药害。（4）修剪时，每隔半小时要消毒1次修剪工具，防止传染。

樱桃、大樱桃流胶病

症状 该病是樱桃生产上的重要病害，分为干腐型和溃疡型两种。干腐型：多发生在主干或主枝上，初呈暗褐色，病斑形状不规则，表面坚硬，后期病斑呈长条状干缩凹陷，常流胶，有的周围开裂，表面密生黑色小圆粒点。溃疡型：树体病部产生树脂，一般不马上流出，多存留在树体韧皮部与木质部之间，病部略隆起，后随树液流动，从病部皮孔或伤口流出，病部初呈无色略透明，后至暗褐色，坚硬。引发树势衰弱、产量下降、果质低下，损失惨重。

病原 *Botryosphaeria dothidea*，称葡萄座腔菌，属真菌界子囊菌门。

传播途径和发病条件 病原菌产生子囊孢子及其无性型产生分生孢子，借风雨传播，4～10月都可侵染，主要从伤口侵入，前期发病多，该菌寄生性弱，只能侵染衰弱树和弱枝。该菌具潜伏侵染特性，生产上枝干受冻、日晒、虫害及机械伤口常导致病菌从这些伤口侵入，一般从春季树液开始流动，就会出现流胶，6月上旬后发病逐渐加重，雨日多受害重。

樱桃干腐型流胶病伤口流胶状（许渭根）

大樱桃主干上干腐型流胶病

防治方法 （1）加强樱桃园管理，增施有机肥或生物有机肥，使樱桃园土壤有机质含量达到2%以上，增强树势，合理修剪，1次疏枝不可过量，大枝不要轻易疏掉，避免伤口过大或削弱树势。（2）樱桃树忌涝，雨后及时排水，适时中耕松土，改善土壤通气条件。（3）发现病斑及时刮治，仅限于表层，伤口处涂抹41%乙蒜素乳油50倍液或30%乳油40倍液，1个月后再涂1次。（4）开春后树液流动时，用50%多菌灵可湿性粉剂300倍液灌根，1～3年生的树，每株用药100g，树龄较大的200g，开花坐果后用上述药量再灌1次，树势能得到恢复，流胶现象消失。

樱桃、大樱桃木腐病

症状 在树干的冻伤、虫伤、机械伤口等多种伤口部位散生或群生真菌的小型子实体，外部症状如膏药状或覆瓦状，受害木质部产生不明显的白色边材腐朽。

病原 *Schizophyllum commune*（称裂褶菌）和*Fomes fulvus*（称暗黄层孔菌），均属真菌界担子菌门。裂褶菌子实体质地硬，菌盖与菌柄的组成物质相连接，子实体中央无柄，菌褶边缘尖锐，纵裂，分两半拳曲。暗黄层孔菌担子果介（子实体）壳形，大小（3 ～ 8）cm×（0.5 ～ 3）cm，木质，初红褐色

樱桃木腐病病枝上现小型子实体

樱桃木腐病子实体

有毛，后转为灰黑色光滑，边缘厚，菌肉红褐色，厚达1cm；孢子亚球形至卵形，无色，（4 ～ 5）μm×（3 ～ 4）μm，刚毛顶端尖，寄生在樱桃等李属树干上。

传播途径和发病条件 病菌以菌丝体在被害木质部潜伏越冬，翌年春天气温上升到7 ～ 9℃时，继续向健康部位侵入蔓延，气温16 ～ 24℃时扩展很快，当年夏、秋两季散布孢子，从各种伤口侵入，衰弱的樱桃树易感病，伤口多的衰弱树发病重。

防治方法 （1）加强樱桃园管理，增施肥料，及时修剪，增强树势，提高抗病力。对衰老树、重病树要及早挖除。发现长出子实体应尽快连同树皮刮除，涂1%硫酸铜消毒。（2）保护树体，减少伤口，对锯口要用2.12%腐殖酸铜封口剂涂抹。（3）也可用3.3%腐殖钠·铜水剂300 ～ 400倍液灌根。

樱桃、大樱桃根朽病

症状 主要为害樱桃树根颈部的主根和侧根，剥开皮层可见皮层与木质部之间产生白色至浅褐色扇状菌丝层，散有蘑菇气味，病组织在黑暗处产生蓝绿色的荧光。

樱桃树根朽病病部放大（李晓军）

病原 *Armillariella tabescens*，称败育假蜜环菌，属真菌界担子菌门。病部产生扇状白色菌丝层，后变成黄褐色至棕褐色，菌丝层上长出多个子实体。菌盖浅黄色，菌柄浅杏黄色。担孢子单胞，近球形。

传播途径和发病条件 病菌以菌丝体在病根或以病残体在土壤里越冬，全年均可发病，樱桃萌动时病菌开始活动，7～11月病部长出子实体，病菌以菌丝和菌索扩展传播，从根部伤口侵入向根颈处蔓延，沿主根向上下扩展，当病部扩展至绕茎1周时病部以上枯死。

防治方法 参见樱桃、大樱桃木腐病。

樱桃、大樱桃白绢烂根病

症状 又称茎基腐病。主要发生在樱桃树根颈部，病部皮层变褐腐烂，散发有酒糟味，湿度大时表面生出丝绢状白色菌丝层，后期在地表或根附近生出很多棕褐色油菜籽状小菌核。

病原 *Pellicularia rolfsii*，称白绢薄膜革菌，属真菌界担子菌门。子实体白色，密织成层。担子棍棒形，产生在分枝菌丝的尖端，产生担孢子；担孢子亚球形至梨形，无色单胞。

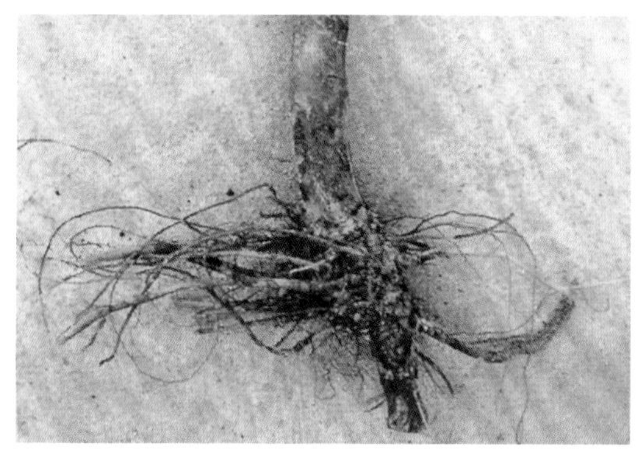

樱桃白绢烂根病

传播途径和发病条件 菌核在土壤中能存活5～6年，带菌土壤肥料等是初始菌源。发病期以菌丝蔓延或小菌核随水流传播进行再侵染。该病多从4月发生，6～8月进入发病盛期，高温多雨易发病。

防治方法 （1）选栽树势强抗病的品种，如早大果、美早、岱红、先锋、胜利、雷尼尔、萨蜜脱、艳阳、拉宾斯。（2）发现病株，要把病株周围病土挖出，病穴及四周用生石灰消毒，也可用50%石灰水浇灌，或用30%戊唑·多菌灵悬浮剂或21%过氧乙酸水剂1000倍液喷淋或浇灌，隔10天1次，连续防治3～4次。（3）樱桃园提倡开展果园抢墒种草技术，在果园中种植三叶草、草木樨等，既可保墒，根系又能进行生物固氮，翻压后可培肥果园土壤，又可减少白绢根腐病的发生。（4）围绕树干挖半径80cm、深为30cm的环形沟，除去坏死的根和病根表面的菌丝，在坑中灌入50%氟啶胺悬浮剂50～100kg，待药液渗透后覆土。

樱桃、大樱桃根癌病

症状 树茎基部或根颈处产生坚硬的木质瘤，苗木染病生长缓慢、植株矮小。

病原 *Agrobacterium tumefaciens*（Smith et Towns）Conn.，称根癌土壤杆菌，属细菌域普罗特斯菌门。德国科学家研究发现，该菌侵入后首先攻击果树的免疫系统，这种土壤杆菌的部分基因能侵入果树的细胞，能改变受害果树很多基因的表达，造成受害果树一系列激素分泌明显增多，引起受害果树有关细胞无节制地分裂增生产生根癌病。

传播途径和发病条件 根癌可由地下线虫和地下害虫传播，从伤口侵入，苗木带菌可进行远距离传播，育苗地重茬发

樱桃树根癌病树枝干上的癌瘤（许渭根）

病重，前茬为甘薯的尤其严重。

防治方法 （1）严格选择育苗地建立无病苗木基地，培养无病壮苗。前茬为红薯的田块，不要作为育苗地。（2）严格检疫，发现病苗一律烧毁。（3）对该病以预防为主，保护伤口，把该菌消灭在侵入寄主之前，用次氯酸钠、K84、乙蒜素浸苗有一定效果，生产上可用10%次氯酸钠+80%乙蒜素（3 ∶ 1）500倍液或4%庆大霉素+80%乙蒜素（1 ∶ 1）1050倍液、4%硫酸妥布霉素+80%乙蒜素（1 ∶ 1）1050倍液进行土壤、苗木处理效果好于以往的硫酸铜、晶体石硫合剂等。（4）新樱桃园逐年增施有机肥或生物活性有机肥，使土壤有机质含量达到2%，以利增强树势，提高抗病力。（5）发病初期喷洒50%氯溴异氰尿酸可溶性粉剂或30%戊唑·多菌灵悬浮剂1000倍液、80%乙蒜素乳油2000倍液。（6）使用根癌灵后，对果树根瘤不用刮除，直接用药即可治愈，用药后可自行脱落并彻底根治。

樱桃、大樱桃坏死环斑病

症状 山东大紫樱桃上发病，该病在早春刚展开的樱

樱桃坏死环斑病毒病
樱桃幼树顶梢坏死

樱桃坏死环斑病毒病
产生的黄绿色环斑

樱桃坏死环斑病毒病
叶片坏死穿孔

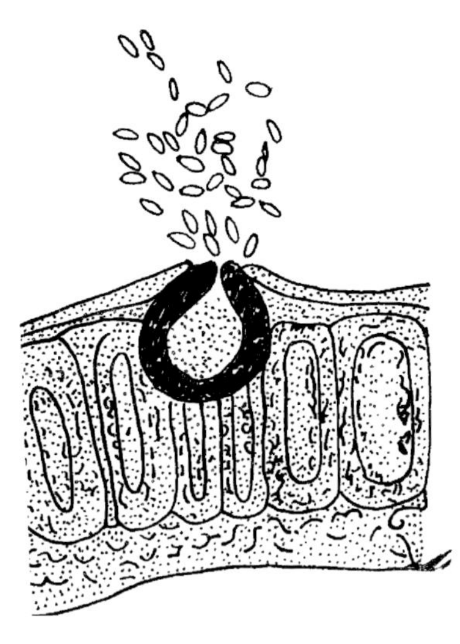

李属坏死环斑病病毒粒体

桃叶片上或一些枝条上的成长叶片上产生症状，先产生黄绿色环斑或带状斑，在环斑的内部生有褐色坏死斑点，后病斑坏死破裂造成穿孔，发病重的叶片开裂或仅存叶脉。危害特大，染病后嫁接苗的成活率下降60%，株高降低16%，减产30%～57%。

病原 *Prunus necrotic ringspot virus*（PNRSV），称李属坏死环斑病毒，属病毒，是世界范围内分布的病毒，是核果类非常重要的病毒。病毒粒体球状，直径23nm，钝化温度55～62℃，经10min，该病毒不稳定。

传播途径和发病条件 靠汁液传毒。生产上主要通过嫁接和芽接传毒。李属植物的种子传毒率高达70%。介体昆虫蚜虫和螨（*Vasates fockeui*）亦传毒，也可通过无性繁殖苗木、组培苗等人为途径进行长距离传播，还可通过花粉在果园内迅速传播。

防治方法 （1）严格检疫，尤其是苗木具有非常高的潜在危险性。（2）合理密植，不可栽培过密，农事操作需小心从事。（3）从健株上采种，带毒接穗不能用于嫁接。（4）生产上注意防治传毒蚜虫、螨及线虫，必要时喷洒杀虫杀螨剂，控制传毒蚜虫和螨类。（5）发病初期喷洒50%氯溴异氰尿酸水溶性粉剂1000倍液。

樱桃、大樱桃褪绿环斑病毒病

症状 在中华樱桃上或野生樱桃或栽培樱桃幼树上经常表现症状，在叶片主脉两侧产生形状不定的鲜黄色病变，有的产生黄色环斑。该病在结果树上多为潜伏侵染，影响樱桃树的生长和结果。

病原 *Prune dwarf virus*（PDV），称洋李矮缩病毒，属病毒。粒体球状或杆状，属多分体病毒，无包膜，有6种组分，病毒粒体包含14%核酸、86%蛋白，脂质为0，正义单链RNA，是为害樱桃、桃、李、杏等核果类果树及砧木的主要病毒。

传播途径和发病条件 汁液、种子、花粉均可传播。北京地区以前没有PDV发生报道，北京地区核果类种苗多从广州、山东引进，引进成型种苗或培育好的砧木。生产上PDV的远距离传播也是种苗调运，引种未经检定的带病种苗，很可能是该地区核果类果园病毒病发生的主要原因。该病毒存在于多种多年生寄主植物上，通常通过嫁接芽、接穗传播。也可通过染病的花粉传播，尤其是樱桃、酸樱桃种植园，所有对授粉有影响的因素都会影响PDV通过花粉传播。PDV还可通过樱桃、酸樱桃、樱桃李的种子传播。

防治方法 （1）选育抗病品种。（2）严格检疫，栽植无病苗木。（3）发病初期喷洒50%氯溴异氰尿酸水溶性粉剂1000倍液。

樱桃褪绿环斑病毒病典型症状

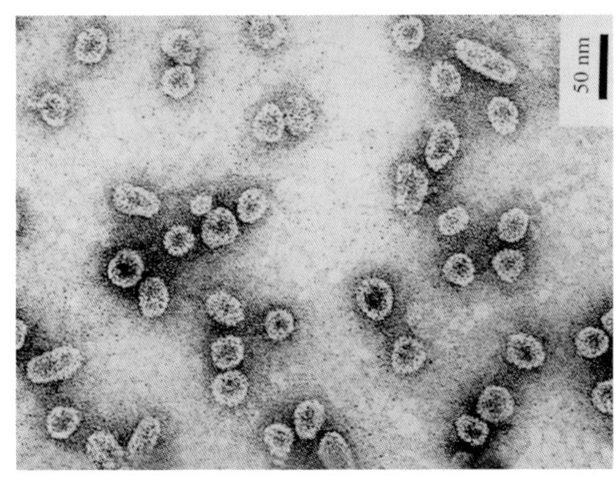

提纯的洋李矮缩病毒（PDV）

樱桃、大樱桃花叶病毒病

症状 樱桃病毒病症状常因毒原不同表现多种症状。叶片出现花叶、斑驳、扭曲、卷叶、丛生，主枝或整株死亡，坐果少、果子小，成熟期参差不齐等。一般减产20%～30%，严重的造成失收。

病原 重要的毒原有*Cherry mottle leaf virus*（称樱桃叶斑驳病毒）；*Apple chlorotic leaf spot virus*（称苹果褪绿叶斑病毒）；*Cherry rasp leaf virus*（称樱桃锉叶病毒）；*Cherry twisted*

樱桃花叶病毒病症状

leaf virus（称樱桃扭叶病毒）；*Cherry little cherry virus*（称樱桃小果病毒）；*Prunus necrotic ringspot virus*（称核果坏死环斑病毒）；*Cherry rusty mottle virus group*（称樱桃锈斑驳病毒）等。

传播途径和发病条件 上述毒原常在树体上存在，具有前期潜伏及潜伏侵染的特性，常混合侵染。靠蚜虫、叶蝉、线虫、花粉、种子传毒，此外嫁接也可传毒。

防治方法 （1）建园时要选用无毒苗。（2）选用抗性强的品种和砧木。（3）发现蚜虫、叶蝉等为害时及时喷洒10%吡虫啉和40%吗啉胍·羟烯腺·烯腺可溶性粉剂800倍液防治，以减少传毒。（4）必要时喷洒24%混脂酸·铜水乳剂600倍液或10%混合脂肪酸水乳剂100倍液、7.5%菌毒·吗啉胍水剂500倍液、20%盐酸吗啉双胍·胶铜可湿性粉剂500倍液、8%菌g毒g水剂700倍液。

樱桃小果病毒病

症状 主要为害樱桃果实，推迟果实成熟，同一条枝上的果实推迟成熟七、八天，病果暗红色，有时浅红色，发病初期病果生长看不出异常，进入果实成熟期果实变成锥形，果肩多形成三角形，比健果小，仅有健果的1/3或1/2。也可为害叶

樱桃小果病毒病

片，某些甜樱桃品种晚夏或初秋叶片上显症，叶缘上卷，叶脉之间呈青铜色或紫红色，叶片上的主脉、中脉仍呈正常绿色，枝条基部的叶片先变红，以后全部叶片陆续变红发病。造成果实品质降低和减产。

病原 Cherry small bitter cherry virus主要由樱桃小果病毒侵染樱桃后引起。经苹果粉蚧传毒，也可能通过樱桃芽接或嫁接传毒。

传播途径和发病条件 该病毒通过嫁接、苹果粉蚧、康氏粉蚧等介壳虫传播。带病毒的繁殖材料也可传毒。生产上所有甜樱桃品种都可发病，带病毒株多、介壳虫危害严重的樱桃园发病重。

防治方法 （1）进行检疫，选用无病毒苗木。种苗先在37～37.5℃恒温下热处理樱桃苗21～28天，可脱掉小果病毒。（2）发现病树及时挖出烧毁。（3）发现粉蚧为害，要在孵化盛期及时喷洒2.5%溴氰菊酯乳油1500倍液或20%氰戊菊酯乳油2500倍液，隔7～10天1次，防治2次。

樱桃、大樱桃裂果

樱桃裂果是生产中面临的重要问题之一，不但会造成樱桃的产量和品质严重下降，还可能侵染病虫害，成为病虫害暴发的侵染源。与棚室果树相比，露天果树受环境条件影响大，因此裂果问题相对更为突出。在北方为主栽的樱桃、大樱桃最容易出现裂果问题。

症状 樱桃裂果常见有横裂、纵裂、斜裂3种类型。果实裂开后失去商品价值，还常引发霉菌侵入，造成果腐。

病因 一是进入果实膨大期，由于水分供应不均匀或久旱不雨持续时间长，突然浇水过量或遇有大暴雨天气，樱桃吸水后果实迅速膨大，尤其是果肉膨大速度快于果皮生长速度，就会产生裂果。二是土壤贫瘠有机质含量低，土壤团粒结构少，储水、供水能力差，土壤中容易缺水，也易引起裂果。三

樱桃裂果

是与品种特性有关，有的品种易裂。

防治方法 （1）选栽抗裂果能力强的品种。如早大果、红灯、美早、岱红、胜利等不裂果的品种，或裂果轻的品种如先锋、雷尼尔、萨蜜脱斯塔g、艳红、友谊、拉宾斯、甜心、红手球。（2）选择土壤肥沃的地方建园。并增施有机肥，培肥地力使土壤有机质含量达到2%以上，提高土壤储水、供水能力。（3）加强水肥管理，适时、均衡浇水，大力推广水肥一体化技术，可有效减少裂果。果实膨大期采用搭棚覆盖塑料薄膜进行避雨栽培。（4）果实成熟期，成熟果实遇雨后进行抢摘亦是减少损失的重要方法之一。（5）提倡喷洒3.4%赤·吲乙·芸（碧护）可湿性粉剂7500倍液，可有效防止樱桃裂果，品质明显提高。（6）应用植物生长调节剂等技术措施，采收前30～35天喷布1mg/L萘乙酸，可减轻遇雨引起的樱桃裂果，并有效减少采前落果。（7）甜樱桃开花后13天喷洒20mg/L细胞分裂素，可减少樱桃裂果，促进着色。（8）改善树体营养，及时补充钙肥是防止大樱桃采前裂果重要措施。也可在秋季或春季施生石灰。①在根系分布区挖2～3个深20cm的坑，每株埋钙镁磷肥2～2.5kg，埋后覆土浇水，可为樱桃根系提供大量的钙。②在樱桃开花前、幼果期和果实膨大期，分别喷1次壮果蒂灵（增粗果蒂，提高营养输送量）+（0.3%～0.5%）尿素+0.3%磷酸二氢钾液，共2～3次，可防落花、落果、裂果、僵果、畸形果，使果实着色靓丽、果形美、品味佳。③在果实采收前，每隔7天连续喷洒100倍液的氯化钙+800倍液的新高脂膜，也有良好预防效果，还可提高果实品质，增加果实耐储性。④建遮雨棚。露地栽培的大樱桃，要建造简易遮雨棚，实行遮雨栽培，也可在降雨时用塑料膜或蛇皮袋临时遮盖，雨后揭去，造成无雨小环境，可有效防止裂果。

樱桃、大樱桃缺氮症

症状 顶端新梢细窄，叶色浅绿，较老的叶片出现橙色或紫色，结的果实硬且小，产量下降。

樱桃缺氮症

病因 樱桃园土壤贫瘠或未正常施肥或是砂质壤土遇大雨或长期连阴雨养分流失，均可发生土壤缺氮。

防治方法 追施尿素，每次施入尿素：幼树每株施入0.1 ～ 0.4kg、盛果期每株0.5 ～ 1kg。

樱桃、大樱桃缺磷症

症状 樱桃中部叶片边缘和脉间褪绿、起皱卷曲，之后叶片呈浅红到紫红色，叶缘焦枯坏死。小枝纤细，花芽少，果实少且小。

樱桃缺磷症（范昆摄）

病因 一是樱桃园土壤含磷量低，速效磷低于10mg/kg。二是土壤偏碱，含石灰质多，施入磷肥后易被固定，造成磷肥利用率低。三是氮肥施用量过多，磷肥施用量不足。

防治方法 对缺磷樱桃需多施颗粒磷肥或堆肥、厩肥混施。及时施入过磷酸钙：幼树每株0.1 ～ 0.4kg，盛果期樱桃树每株0.5 ～ 1kg。

樱桃、大樱桃缺钾症

症状 叶片边缘枯焦，从新梢的下部逐渐向上部扩展，进入夏季至夏末在老树叶片上先出现枯焦；有时叶片呈青（铜）绿色，接着叶缘与主脉出现平行卷曲，随后呈灼伤状或枯死。果小，着色不良，易裂果。

樱桃缺钾症
（范昆等摄）

病因 一般土壤酸性强，有机质含量低，不利于土壤钾素积累时，易产生缺钾症。

防治方法 生长季节喷施0.2% ～ 0.3%的磷酸二氢钾或向土壤中追施硫酸钾，也可在秋季施基肥时掺入其他钾肥。

樱桃、大樱桃缺镁症

症状 樱桃缺镁时出现失绿症，老叶叶脉间及叶缘失绿

樱桃缺镁症
（范昆等摄）

黄化，严重时病叶整个出现黄化脱落，采收前出现落果或致产生大小年现象。

病因 由于土壤中置换性镁不足，多因有机肥不足或质量差造成土壤供镁不足引起。

防治方法 发现缺镁时，在果实膨大期至转色期或果实采摘后的秋梢期，进行根外补镁，可施入农家肥或土杂肥，把每亩100kg的煤灰混入肥料中，在樱桃园中呈放射状条施到土壤中。也可采用叶面补镁，在采前20天，全树喷洒0.2%～0.4%硫酸镁溶液。

樱桃、大樱桃缺锰症

症状 叶片主脉间产生暗绿色带，叶脉间和叶缘褪绿，老叶更加明显。

樱桃缺锰症

病因 铁锰会使叶绿素形成受阻，影响蛋白质合成，产生褪绿黄化病状。生产上遇有土质黏重、通气不良、地下水位高、pH值高的土壤较易缺锰。

防治方法 叶面及时喷施硫酸锰见效快，隔15～20天左右喷1次。

樱桃、大樱桃缺锌症

症状 新叶顶端叶片狭窄，枝条纤细，节间短，小叶丛生呈莲座状，质地厚而脆，有时叶脉呈白色或灰白色。严重时，新梢由上向下枯死，有时叶片脱落早形成顶枯状，果实很小。

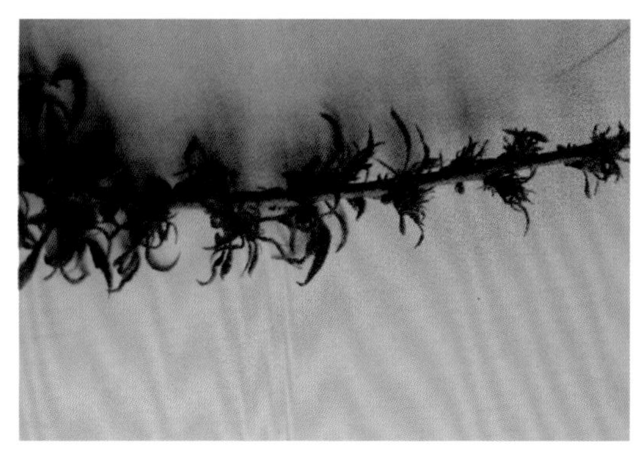

樱桃缺锌症（范昆）

病因 强酸性土壤，有机质土，冷暖气候，土壤富含磷等，易产生缺锌病状。

防治方法 春季樱桃萌芽前，喷洒0.2%～0.4%硫酸锌溶液，隔7～10天1次，共喷2～3次，也可用3%硫酸锌溶液，涂刷樱桃一年生枝条1～2次。

樱桃、大樱桃缺硼症

症状 果实上易显病状，发病轻时果梗短，结实率低，

樱桃缺硼症

随病情发展出现花芽发育不良，即使开花也几乎不结果。进入果实膨大期，果实表面能产生数个硬斑，逐渐木栓化，形成畸形果或发生缩果症。

病因 土壤中水溶性硼素含量不足或由于干燥等原因造成硼素吸收受阻。硼可影响果胶质的生成，果胶质形成细胞膜，缺乏时细胞膜形成受阻，造成停止生长，且水分和钙的吸收移动变慢，在新细胞中钙不足，新芽和果实的细胞液变成强酸性，生长受到阻碍，经常施用化肥，有机肥少施或不施导致土壤酸化，利于硼素溶脱。沙土、土壤富含氮或钙，干旱或冷湿气候等条件，利于缺硼症的出现。

防治方法 （1）于开花前、末花期、落花后叶面喷施0.1%～0.3%硼砂液+等量的生石灰，各1次。（2）土壤施用硼肥，在樱桃萌芽前和幼果膨大期施用有机肥时，每株施硼砂180g。也可喷施海藻精800倍液+0.3%硼砂水溶液150g，均匀撒施，可加入沙等增量剂。

樱桃、大樱桃缺铁黄化

症状 又称樱桃、大樱桃缺铁黄叶症。新梢顶端的嫩叶先变黄，下部的老叶基本正常，随着病情逐渐加重，造成全树

樱桃缺铁黄化

嫩叶严重失绿，叶脉仍保持绿色，严重的全叶变成浅黄色或黄白色，叶缘现褐色坏死斑或焦枯，新梢顶端枯死。

病因 从我国樱桃栽植区土壤含铁情况来看，一般樱桃园土壤并不缺铁，但在盐碱含量高的地区，经常出现可溶性二价铁转化成不可溶的三价铁，三价铁不能被果树吸收利用，造成樱桃树出现缺铁。生产上凡是产生土壤盐碱化加重的原因，都会造成樱桃树缺铁症加重。生产上土壤干旱时盐分向土壤表层集中，地下水位高的低洼处，盐分随地下水在地表积累，使缺铁症加重。

防治方法 （1）增施有机肥，使樱桃园土壤有机质含量达到2%，改变土壤团粒结构和理化性质，使其释放被固定的铁元素。改土治碱，疏通排灌系统，掺沙改造黏土，增加土壤透水性。（2）发芽前枝干喷施0.4%硫酸亚铁溶液。（3）每667m^2樱桃园施有机肥3000kg，加入硫酸亚铁4 ～ 5kg充分混匀，2年内有效。

樱桃坐果率低

症状 甜樱桃大量落果主要出现在花后7 ～ 10天、花后20 ～ 25天和采前10 ～ 15天。一般硬核期易发生落果。俗话说樱桃好吃，树难栽，棚室栽培的樱桃尤其如此。有时候看见花量很大，可到头来落花落果严重，坐果率极低。

樱桃坐果率低

樱桃落花落果

病因 樱桃坐果率低的原因：一是授粉受精不良。不同樱桃种类之间自花结实能力差别很大。中国樱桃、酸樱桃自花结实率很高，生产上不用配置授粉品种和人工授粉，仍然可获得高产。至于甜樱桃大部分品种都有自花不实的情况，生产上单栽或混栽几个花粉不亲和的樱桃树，往往只开花不结实，甜樱桃极性生长旺盛，花束状结果枝不易产生，自花授粉率特低。二是树体储备营养不足，生产上水肥不足或施肥不当。幼树期若是偏施氮肥，很容易引起生长过旺，造成适龄树不开花不坐果，或开花不坐果；樱桃进入硬核期，新梢与幼果争夺养分和水分，幼果因得不到充足的养分，出现果核软化，果皮发黄而脱落；花芽分化期因树体养分不足，产生雌蕊败育花而不能坐果。生产上缺少微量元素，尤其是缺硼，造成花粉粒萌发和花粉管伸长速度减缓，造成受精不良而落花。三是ABA（脱落酸）可促进离层的形成，促进器官脱落，但脱落酸的作用受CTK（细胞分裂素）、IAA（生长素）的制约。红灯甜樱桃果肉内脱落酸含量及ABA/（CTK+GA+IAA）比值分别在盛花后5天、15天和35天出现高峰，且都在15天时达到最大值，这与甜樱桃3次落果时期相吻合。四是进入硬核期后营养需求达到最大，当大棚白天10cm处土温15～18℃，夜间10cm处土温14～16℃，20～30cm处土壤温度更低，根系发育滞后，不发新根，吸肥吸水能力弱，难以满足果实对水肥的需要，硬核期易发生落果。

防治方法 （1）提倡高垄栽培，提早覆地膜、全地面覆盖地膜，提高地温，增加熟土层厚度，促进根系发育，提高根系吸水吸肥性能，降低棚内湿度，提高花粉活性，减少落花落果，一般应在大棚升温前1周全棚覆盖地膜，沟施有机肥。（2）精细修剪，适量留花。花量过多，开花量大，储备营养消耗多，特别是弱树、弱枝上，过多开花造成营养不足，发生落果。对此要提前疏花疏果，疏花时可直接剪掉整个花序，有利于集中营养，提高果实品质。（3）合理控旺调整好树势。树势过旺难于坐果，有的经多年调整过来，控旺过重则树势太弱，虽然坐住一些果子，但坐住的果子商品性不好，有经验的果农采用环割、使用植物生长调节剂、断根等方法。主干环割应请有经验的果农师傅，在春季大樱桃花芽正要“鼓苞”时进行，不宜过早或过迟，环割的程度应根据树势和枝干粗细确定，环割的部位应靠近主干的主枝基部，对长势弱的主枝不环割，对长势过旺的树，可在主枝之间的树干上环割。环割圈数的多少要按照树势和环割后树体的反应适当增减，一般直径5～10cm的枝割5～7圈，直径10～13cm的枝环割10～13圈，20cm以上的枝割14～15圈。环割深度以达到木质部为宜。在主干上环割，每组刀（如果用环割刀环割，每1操作可割出2圈成为1组）之间以相隔8～10cm为宜。通过环割可大大提高樱桃坐果率。大樱桃易流胶，环割不宜过宽，以防伤口感染流胶病，发现流胶时可涂抹3.3%腐殖钠·铜膏剂，5～10天1次，涂2次，也可喷洒3.3%水剂300～400倍液。（4）使用植物生长调节剂、果树促控剂PBO控旺。樱桃盛花期每隔10天喷洒20～60mg/L赤霉素，连喷2次，可提高坐果率10%～20%。大棚樱桃在初花期喷洒15～20mg/L赤霉素，盛花期喷0.3%尿素及0.3%硼砂，幼果期喷0.3%磷酸二氢钾，对促进坐果、提高产量效果显著。红灯、先锋、美甲、滨库等大樱桃，于初花期、盛花期各喷1次25%PBO粉剂250倍液可明显提高大樱桃坐果率，防止生理落果。若遇冻害可在幼果期再喷1次，在霜冻条件下保花保果效果好。（5）大樱桃于初花期、盛花期各喷1次1.8%爱多收液剂5000倍液可提高坐果率。（6）多效唑对大樱桃开花结果作用明显，可使花芽增加，坐果率提高，由于大樱桃花芽的集中分化期是在采果之后，生产上应在采后及时叶面喷施300倍液。樱桃施用多效唑要因树而定，旺树用，弱树不用，对同一棵树枝梢旺的可多喷，弱的部位少喷或不喷。多效唑显效慢用后20天才能看出效果，千万不可多喷，防止抑制树势过度。此外，花期喷洒稀土微肥250倍液也可提高坐果率。（7）樱桃采果后应及时施用基肥，并深翻土壤进行断根处理，可减弱根系生长优势，提高地上部营养积累，使较多营养用于花芽分化。樱桃采收后即进入雨季，雨日多或雨量大时要开沟排水，防止沤根。有条件的注意进行夏季拉枝，防止内膛空虚，结果部位外移以缓和、平衡树势。（8）5月20日山东烟台喷洒0.136%赤·吲乙·芸3次樱桃坐果率高、果粒均匀，提早成熟。

樱桃、大樱桃出现大小年

症状 大樱桃进行保护地栽培时，易出现大小年结果现象，导致产量高低不定，严重影响生产效益的提高，生产中应注意防止。

病因 大樱桃在保护地栽培时出现大小年结果的原因较复杂，根据生产实际，引起大小年结果的原因主要有。（1）过量结果。在结果过多的情况下，树体养分被大量消耗，不利于花芽分化顺利进行，导致来年结果量减少，出现大小年结果现象。（2）肥水供给不当。由于大樱桃花芽分化与果实生长同步进行，此期养分需求量大，营养生长与生殖生长之间养分供给不足，如果肥水供给不足，则不利于花芽分化的进行，易出现隔年结果现象。（3）二次开花的影响。保护地栽培的大樱桃由于采收较早，在揭膜进入露地生长期，易出现二次开花现象。（4）花芽老化。保护地栽培大樱桃较露地提早发育2～3个月，生育期延长，而花芽分化在6月基本完成，容易发生后期分化或老化现象，影响第二年坐果。

樱桃小年坐果少

防治方法 防止大小年结果的措施为，（1）控制产量。大樱桃进行保护地栽培时，应将成龄树亩产量控制在500～600kg，防止过量结果，以保证形成优质花芽，为来年结果打好基础。（2）加强花期肥料供给。一般花前追肥应适量，应注意控制氮肥供给，增施磷钾肥，在落花后10～15天开始进行叶面补肥，每7～10天喷1次300倍磷酸二氢钾。（3）促使形成优质花芽。加强生长季修剪，促使树体内养分朝着有利于花芽形成的方向转变，注意开张枝条角度，增强树冠内的透光率，增加树冠内膛成花能力，增加优质花比例。（4）防止二次开花。撤膜前进行通风锻炼，在外界气温稳定在15℃以上时撤除棚膜，采后可适度轻剪，短截时要保留叶芽，防止修剪过重，出现二次开花现象。（5）樱桃树怕水涝，田间积水时要及时排除，防止水涝出现。（王田利）

樱桃、大樱桃冰雹灾害

2016年6月21日河北承德等地出现冰雹为害果树，6月11日山西长治、6月14日山东青州，临沂、昌乐等地也出现冰雹灾害，河南也遭受了严重冰雹为害，部分樱桃、果树、蔬菜等受害严重，轻者打成花叶，果实畸形，重者树皮打破、叶果脱

新梢受害状

落或叶果残缺；受害重的叶、果被砸光……

症状 大樱桃的芽、花、幼果受到一定损失，特别是在果实膨大期及成熟前遇到严重冰雹袭击，枝叶、果实受害严重，伤口众多，易引起果实病害发生，影响第二年生长和结果。受害较轻的也使叶片受损，良果率降低。

病因 冰雹是从发展旺盛的积雨云中降落的一种固态降水。多为一狭长地带，长约几公里至30公里，最长可达百余公里。下雹子常常是突然发生，来势凶猛，强度大，常伴有狂风暴雨，每次持续时间只有5～15min。大部分地区70%发生在13～19时，以14～16时最为常见。

防治方法 （1）不要在冰雹发生频繁地区建樱桃园。尽量选用早熟品种，能躲过冰雹为害是最好的。（2）及时清理樱桃园内沉积的冰雹、残枝落叶及落果等。对于雹灾过后有淤泥、积水的樱桃园，应及时排出积水，清除淤泥，露出枝干。对皮裂枝破、叶片破碎的重灾樱桃园，全面清除地面落叶、落果，摘除无商品价值的伤果，减少当年损失。（3）进行合理修剪，疏除过密枝、徒长枝，使树冠通风。（4）必要时疏松土壤。雹灾过后土壤通透性变差，地温偏低，根系生长受到影响，要及时松土增强土壤通透性。低洼地要做好排水工作，为根系的生长创造一个良好的生长环境。（5）及时追肥，叶片被冰雹砸伤后，不仅新陈代谢受到阻碍、而且伤口愈合也需要大量营养，因此要及早补充速效肥料，最好是氮磷钾混施。也可结合喷药，防病虫时喷施0.3%的磷酸二氢钾。

樱桃、大樱桃冻害

症状 常见的有早期冻害，从春节前后开始发生，造成花芽受害变黑而枯死。生产上还有一种是晚霜冻害，是在樱桃萌芽以后到幼果期，多在温度回升后，突然遇寒流侵袭出现霜冻，引起幼果或花朵受害。

病因 樱桃适宜在年平均气温10～12℃地区种植，年日均气温高于10℃的天数是150～200天，当冬春气温突然大幅降低或持续低温时间长，樱桃就会发生早期冻害。当幼树枝条发育不充实或停止生长时间较晚时更易发生冻害，生产上发生冬季早期冻害的临界温度是–20℃，有时冬季气温–16℃以下，持续时间1～2天以上也会产生轻重不同的冻害。

一年生枝条，2～3年生枝条中上部的叶芽、花芽受害后常从基部向中、上部芽鳞片松动枯死，春季不能萌发；成龄樱桃树的枝干受冻后，主干或骨干枝输导组织变坏，树皮褐变纵裂，进入生长季出现流胶病或骨干枝干枯而死。生产上气温下降快的冻害发生重。

樱桃也易受霜冻的危害，进入3月中下旬到4月上旬晚霜常危害正在初花期或盛花期的樱桃树，发生花朵受冻造成减产、品质下降或绝收。生产上花蕾进入着色期出现–5.5～1.7℃低温，开花期和幼果期遇到–2.8～–1.1℃的低温都会发生冻害，轻者伤害花器、幼果，重者濒于绝产。我国北方樱桃种植区几乎每年都会遇有不同程度的晚霜冻害，生产上必须注意。

樱桃受冻害症状
（孙玉刚）

防治方法 （1）防止早期冻害和晚霜霜冻，需选择适宜的地方建园。（2）选用抗寒砧木和优良樱桃品种及砧木。（3）建造樱桃园防护林带，带长200～300m，带宽10～12m。（4）加强樱桃树体的肥水管理，增强树势，提高树体抗寒能力。应急方法有八：①架设防霜篷帐。大樱桃行间间隔4m埋设1根石柱，石柱顶部比大樱桃树高20～30cm，石柱间以竹竿作横梁。大樱桃开花前7天在竹竿上覆盖塑料薄膜，四周用绳索拉紧，使大樱桃园全园连成一体，或以2行为1个结构体。塑料薄膜仅覆盖大樱桃园上方，四周不盖，以利于通风。大樱桃坐果后14天揭膜。据调查，采用架设防霜篷帐的红灯和先锋品种花序坐果率分别为81.8%和85.0%，而同品种未进行防霜处理的花序坐果率仅分别为10.5%和9.6%。②熏烟。先在大樱桃园内每隔5m放1个麦糠草堆。当夜间气温下降到0℃时点燃草堆，熏烟时间宜持续到次日太阳出来为止。据调查，采用熏烟大樱桃园内红灯、先锋、拉宾斯、大紫和雷尼品种花序坐果率分别为74.0%、72.3%、57.1%、79.8%和67.3%，而同品种未进行防霜处理的花序坐果率仅分别为20.5%、26.5%、26.1%、34.3%和15.4%。③喷水法。霜冻来临前，气温降至0℃以下，大樱桃叶片上有轻微冻伤时，用高压旋转喷头对全园喷水，可减轻霜冻危害。④灌水。萌芽前用水漫灌可推迟大樱桃萌芽和开花。因井水温度较低，故推迟萌芽的效果更明显。据调查，用井水和水库水地面漫灌可分别使大樱桃树推迟萌芽5天和3天。⑤用蒙力28涂抹树干，涂抹位置一般在主干1m高，有一定抗冻害功能。蒙力28涂干后，可通过树表皮层细胞吸收，满足樱桃树生长发育对养分的需要，花芽饱满促进开花坐果。⑥树干涂白。涂白剂能使树体防冻、防日灼。⑦药剂防冻。进入冬天后涂抹果树专用防冻剂，也可在樱桃开花前2～3天喷洒植物抗寒剂，正在开花的树在低温到来之前喷0.3%的磷酸二氢钾+0.5%的白糖液+天达2116果树专用剂600倍液，连喷2～3次可起到防冻作用。⑧延迟开花。从2月中下旬到3月中下旬隔20天喷1次羧甲基纤维素100～150倍液或聚乙烯醇3000～4000倍液，能减少樱桃树水分蒸发，增强抗寒力。也可对樱桃树冠喷洒250～500mg/kg萘乙酸钾盐溶液抑制花芽萌动。还可在花芽膨大期喷洒200～500mg/kg顺丁烯二酸肼溶液，可延迟花期4～6天，减少花芽冻害发生概率。（5）樱桃发生冻害后的补救措施。①喷保护剂减轻晚霜危害。对受霜冻的樱桃树喷200倍蔗糖+800倍天达2116+（30～40）mg/kg赤霉素+60%百泰水分散粒剂1000倍液，可提高坐果率。②加强树体肥水管理。冻后追施优质专用肥，适当晚疏果，提高果品档次。

樱桃、大樱桃涝害

症状 樱桃极不耐涝，是浅根系果树，涝害发生后落叶及死树常普遍发生。

病因 降雨大了以后，樱桃树浸泡在水中，根系吸收的大量矿物质元素及重要中间产物很易淋湿，还会出现无氧呼

樱桃涝害（范昆）

吸，产生有毒物质使其受毒害，出现烂根、叶片萎蔫及黄化，严重的出现死枝或死树。

防治方法 （1）建樱桃园时要按当地建园标准选地，确定定植位置，先整树盘，局部整平后再栽树，宽度需数十米以上，土层较厚的条田标准：每8～10m挖宽1m、深0.8m的纵向排水沟，每30～35m挖一条宽0.8m、深0.6m的横向排水沟，要求纵向与横向排水沟要连上，保证多余的水能排出地外。确保树盘地面较行间地面高10cm左右，以利排水通畅。也可采用起垄栽培。（2）选择抗涝砧木，酸樱桃抗涝性最好，其次为考特，中国樱桃大叶品系较中国樱桃小叶品系好，选用时要据地下水位的高低和立地条件因地制宜确定。（3）发现死穴与暗涝及时防止。开穴栽树松土层浅，容易发生死穴和暗涝，松土层20～30cm的地块，挖穴时必须挖通，穴与穴之间相连接的纵横向沟，彻底解决死穴问题，防止涝害发生。（4）水灾出现时，要立即挖沟排水，清除淤泥和积水。（5）及时整理受灾樱桃园。选晴天及时喷洒叶面肥0.3%尿素、磷酸二氢钾。（6）受涝后及时防治病虫害。

6. 樱桃、大樱桃害虫

樱桃绕实蝇

学名 *Rhagoletis cerasi*（Linnaeus），属双翅目，实蝇科。分布在俄罗斯、乌克兰、格鲁吉亚、哈萨克斯坦、塔吉克斯坦等国，是中国对外检疫对象。

寄主 圆叶樱桃、欧洲甜樱桃。

樱桃绕实蝇

危害状

幼虫

樱桃绕实蝇幼虫为害状及果面上的幼虫

为害特点 为害樱桃果实，产卵季节危害最重，受蛀害果实易腐烂。

形态特征 幼虫：白色，体长4～6mm，宽1.2～1.5mm。成虫：体黑色，长3.5～5mm，胸部、头部有黄色斑。翅透明，有4条蓝黑色条纹。小盾片缺基部的暗色痕迹。

生活习性 2～3年完成1代，蛹可连续越冬2～3次，成虫于5月底～7月初在果园出现，栖息在树上，成虫刺吸果汁，成虫羽化10～15天开始把卵产在果皮下，每雌产卵50～80粒，着卵果实开始变红，卵经6～12天孵出幼虫取食果肉，幼虫期最长30天，后钻土化蛹越冬。该成虫通过飞翔传播，幼虫可通过樱桃果实携带传播。

防治方法 （1）严格检疫，防止传入我国。（2）进境旅客携带樱桃检出绕实蝇时，马上销毁。

樱桃园黑腹果蝇

学名 *Drosophila melanogaster* Meigen，属双翅目、果蝇科。别名：红眼果蝇、杨梅果蝇。分布在四川、浙江等地。2012年甘肃天水市甜樱桃大面积发生果蝇为害造成中晚、晚熟品种无人食用，丰产不丰收，损失惨重。

寄主 主要为害樱桃和杨梅等核果类果树。

为害特点 以雌成虫把卵产在樱桃或杨梅果皮下，卵孵化后以幼虫取食果肉，极具隐蔽性，造成果实腐烂。虫果率50%左右，对樱桃生产造成严重威胁。该虫危害樱桃系首次报道。

形态特征 成虫：体小，体长4～5mm，淡黄色，尾部黑色；头部生很多刚毛；触角3节，椭圆形或圆形，芒羽状，有时呈梳齿状；复眼鲜红色，翅很短，前缘脉的边缘常有缺刻。雌蝇体较大，腹部背面有5条黑条纹。雄蝇稍小，腹末端圆钝，腹部背面有3条黑纹，前2条细，后1条粗。卵：椭圆形，白色。幼虫：乳白色，蛆状，3龄幼虫体长4.5mm。蛹：梭形，浅黄色至褐色。

生活习性 樱桃、杨梅果实近成熟时进行为害，室温21～25℃、相对湿度75%～85%第1代历期4～7天，其中成虫期1.5～2.5天，卵期1～2天，幼虫期0.6～0.7天，蛹期1.1～2.2天。成虫有一定飞行能力，可在自然条件下传播危害，主要靠果实调运扩散传播。在浙江产区该虫发生盛期在6月中、下旬和7月中、下旬，幼虫老熟后钻入土中或枯叶下化蛹，也可在树冠内隐蔽处化蛹。

黑腹果蝇和伊米果蝇幼虫为害樱桃（郭迪金）

樱桃黑腹果蝇为害状

樱桃黑腹果蝇成虫放大（梁森苗）

防治方法 （1）清除樱桃园、杨梅园腐烂杂物、杂草，并用40%辛硫磷乳油1000倍液对地面进行喷雾。（2）发现落地果实及时清除并集中烧毁或覆盖厚土，并用50%敌百虫乳油500倍液喷雾，防止雌蝇向落地果上产卵。（3）进入成熟期之前或5月上旬用1.8%阿维菌素乳油3000倍液喷洒落地果。（4）保护利用园中的蜘蛛网，捕食果蝇成虫。（5）喷烟熏杀。（6）樱桃进入第1生长高峰期用敌百虫：香蕉：蜂蜜：食醋以10：10：6：3的比例配制混合诱杀浆液，每667 m^2果园堆放10处进行诱杀，防效显著，好果率达90%以上。

樱桃园梨小食心虫

学名 *Grapholitha molesta* Busck，简称梨小，又称东方蛀果蛾。主要为害梨，也为害桃、樱桃、苹果、李、梅等多种果树，以幼虫蛀害樱桃的新梢，在樱桃上有时也为害果实。该虫在东北1年发生2～3代，华北3～4代，黄河流域4～5代，长江流域或长江以南5～6代，均以老熟幼虫在翘皮或裂缝中结茧越冬。3～4代区进入4月中旬～5月下旬出现越冬代成虫，以后各代成虫期分别在6月中旬～7月上旬、7月中旬～8月上旬、8月中旬～9月上旬。幼虫老熟后咬1脱果孔，爬至树干基部作茧化蛹，成虫寿命10天左右，第1代卵期7～10天，幼虫期15天，蛹期7～10天。雨日多、湿度大的年份发生重。梨小食心虫成虫白天多静伏在叶、枝和杂草丛中，黄昏后开始活动，对糖醋液、果汁以及黑光灯有较强的趋性。成虫夜间产卵，单粒散产。每雌虫可产50～100粒。

防治方法 （1）新建樱桃园不要与梨树、苹果、桃树等混栽。（2）果实采收前在树干上绑草绳诱集越冬幼虫并集中烧毁。（3）早春刮除树干上的翘皮，集中烧毁。（4）在成虫发生期用糖醋液加性诱剂（主要成分是顺-8-十二碳烯醇醋酸酯、

梨小食心虫成虫

樱桃园梨小食心虫幼虫放大

反-8-十二碳烯醇醋酸酯）制成水碗诱捕器，诱杀雄虫，每天或隔天清除死虫，添加糖醋液，每667 m^2挂2～3个。（5）7月中、下旬在成虫向樱桃果实上产卵时释放赤眼蜂，每667m^2释放2.5万头，寄生率高。（6）华北樱桃产区诱捕器出现成虫高峰后，田间卵果率1%时，喷洒24%氰氟虫腙悬浮剂1000倍液或35%氯虫苯甲酰胺水分散粒剂7000～10000倍液，持效20天。也可抓住7、8月份梨小食心虫产卵高峰期，及时喷施2.5%溴氰菊酯乳油2500倍液、10%氯氰菊酯2000倍液或1.8%阿维菌素3000倍液，都有较好的防治效果。（7）悬挂杀虫灯从3月中旬至10月中旬，可以有效诱杀。

樱桃园桃蚜

学名 *Myzus persicae*（Sulzer）。

寄主 主要为害桃、樱桃。

为害特点 以成蚜和若蚜密集在叶片和嫩梢上吸食汁液，造成叶片扭曲、皱缩。

形态特征 无翅胎生雌蚜虫体绿色或黄绿或赤绿色，有额瘤，腹管中等长，尾片圆锥形。桃蚜年生10～30代，以卵

桃蚜红色型和绿色型

在桃树枝梢芽腋或小枝裂缝处越冬，在桃树发芽时，卵孵化为干母，群聚在芽上为害，展叶后转移到叶背为害，排泄黏液，5月繁殖特快，为害也大，6月以后产生有翅蚜，转移到烟草或蔬菜上为害，10月份以后飞回到桃、樱桃树上，产生有翅蚜，交尾后产卵越冬。气温24℃、相对湿度50%有利其发生，其天敌常见的有食蚜蝇、草蛉、蚜茧蜂、异色瓢虫、龟纹瓢虫等捕食蚜虫。

防治方法 （1）休眠期剪除有越冬卵的枝条，发芽前喷施50%矿物油50倍液杀灭越冬卵，还能兼治介壳虫及叶螨。（2）春季卵孵化后于开花前或落叶后喷洒25%吡蚜酮或10%吡虫啉3000倍液。（3）落花期向树干上涂3%高渗吡虫啉乳油或50%乙酰甲胺磷乳油加水3倍液，涂完后过几分钟再涂1次，涂宽为15cm，再用膜包扎，14天后把塑料膜去掉效果好。（4）塑料棚保护地樱桃发生蚜虫时，采用农业防治法。①桃蚜春季种群源于大棚里的越冬卵，针对此消灭越冬前1代母蚜能有效降低越冬卵数量，是保护地桃蚜防治最重要的措施，因此冬、夏不要套种萝卜、油菜等十字花科替代寄主，不为桃蚜越冬、越夏创造有利条件，提倡间作蒜、芹菜等蚜虫忌避的蔬菜。②入冬后及早清除枯枝落叶和杂草，集中深埋或烧毁，可大大减少越冬蚜源。③3月初桃蚜多先发生在大棚南侧上层局部树冠上，应先行挑治或剪除虫多的枝叶。5月下旬有翅蚜大量出现时可不用药，只要结合修枝剪叶及果园清洁等措施进行防治。（5）保护地采用生物防治。3月中、下旬保护地桃蚜急剧增殖，棚温为20～26℃，正处在桃蚜最适温区内，这时其天敌数量少，应千方百计提高棚中天敌数量，在大棚内向阳背风处设置草堆、树皮等保暖生境，诱集瓢虫、草蛉等捕食性天敌越冬，可提高天敌越冬数量；清除枯枝时注意保留含有僵蚜的枝条。有条件的向棚内释放七星瓢虫或草蛉，发挥生物防治的作用。

（6）大棚药剂防治。加强观测大棚南侧和树冠上层温度回升快的部位，发现有蚜时喷洒25%吡蚜酮可湿性粉剂2000～2500倍液或35%高氯·辛乳油1500倍液、1.5%氰戊·苦参碱乳油900倍液、3.5%吡·高氯乳油2000倍液、5%啶虫脒乳油2500倍液。出现抗药性的地区还可喷施阿立卡，每桶水对药15～20ml或锐胜每桶水对10g防效好！

樱桃卷叶蚜

学名 *Tuberocephalus liaoningensis* Zhang，属同翅目、蚜科。分布在北京、辽宁、吉林、河南等地。

寄主 樱桃。

为害特点 在樱桃幼叶叶背为害，致受害叶纵卷呈筒状略带红色，后期受害叶干枯。

形态特征 无翅孤雌蚜：体长2mm，宽1mm，体背面色深，前胸、第8腹节色浅。体背粗糙，有六角形网纹。节间斑明显。背毛棒状，头部有18根毛，第1～6腹节各生缘毛2对，

樱桃卷叶蚜（放大）

第7节3对，第8节2对。触角长0.91mm，第3节长0.25mm。喙超过中足基节。腹管圆筒形。尾片三角形。有翅孤雌蚜：头、胸黑色，腹部色浅，有斑纹。第1～7腹节都生缘斑，第1、第5节小，第1、第2各节中斑呈横带或中断，第3～6节中侧斑融合成1块大背斑。触角第3节生20～25个圆形次生感觉圈，第4节上有5～8个。

防治方法 参见樱桃园桃蚜。

樱桃瘿瘤头蚜

学名 *Tuberocephalus higansakurae*（Monzen），属同翅目、蚜科。分布于北京、河北、河南、浙江、陕西等地。

寄主 樱桃，是一种只为害樱桃树叶片的蚜虫。

为害特点 受害叶片端部或侧缘产生肿胀隆起的伪虫瘿，虫瘿初呈黄绿色，后变成枯黄色，蚜虫在虫瘿内为害和繁殖，5月底黄褐或发黑干枯。

形态特征 无翅孤雌蚜：体长1.4mm，宽0.97mm，头部黑色，胸、腹背面色深，各节间色浅，第1、第2腹节各生1条横带与缘斑融合，第3～8横带与缘斑融合成1大斑，节间处

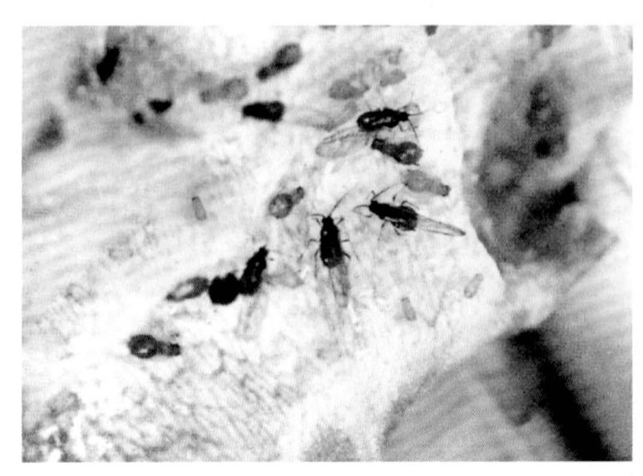

樱桃瘿瘤头蚜无翅孤雌蚜和有翅孤雌蚜

有时现浅色。体表粗糙，生有颗粒状形成的网纹。额瘤明显，内缘向外倾，中额瘤隆起。腹管圆筒形，尾片短圆锥形，生曲毛4～5根。有性孤雌蚜：头、胸均为黑色，腹部色浅。第3～6腹节各生1条宽横带或破碎狭小的斑，第2～4节缘斑大，腹管后斑大，前斑小或不明晰。触角第3节具小圆形次生感觉圈41～53个，第4节具8～17个，第5节具0～5个。

生活习性 年生多代，以卵在樱桃嫩枝上越冬，翌春越冬卵孵化为干母，进入3月底在樱桃叶端或侧缘产生花生壳状伪虫瘿并在瘿中生长发育、繁殖，进入4月底在虫瘿内长出有翅孤雌蚜，并向外迁飞。10月中、下旬产生性蚜，在樱桃树嫩枝上产卵越冬。

防治方法 （1）春季结合修剪，剪除虫瘿并集中烧毁。（2）保护利用食蚜蝇、蚜茧蜂、瓢虫、草蛉等，有较好控制作用，不要在天敌活动高峰期喷洒广谱性杀虫剂。（3）从樱桃树发芽至开花前越冬卵大部分已孵化时喷洒25%吡蚜酮可湿性粉剂2000～2500倍液或20%吡虫啉浓可溶剂2500倍液、3%啶虫脒乳油2000倍液、20%丁硫·马乳油1500倍液。

樱桃园苹果小卷蛾

学名 *Adoxophes orana orana* Fiscber von Roslerstamm。

寄主 寄主广，除为害苹果、梨、桃、李、杏、石榴、柑橘外，还为害樱桃。

为害特点 在樱桃园以幼虫卷叶为害嫩叶和新梢，幼虫吐丝缀叶，常把叶片缀贴在果面上，幼虫啃食果面，可造成大量落果。

生活习性 该虫在宁夏1年发生2代，辽宁、山西、北京、山东、河北、陕西北部年生3代，南部3～4代，黄河故

苹果小卷蛾成虫和幼虫

道一带4代，各地均以2龄幼虫在树皮缝、剪锯口结白色薄茧越冬。3代区翌年4月上、中旬出蛰，5月上旬在新梢上卷叶为害，5月下旬化蛹，6月中旬进入越冬代成虫盛发期，卵多产在叶背。第1代成虫盛发期在8月上旬，卵产在叶背或果面，7月底～8月下旬出现第2代幼虫，9月中旬进入第2代成虫盛发期，产卵孵化后幼虫为害不久又做茧越冬。其天敌有赤眼蜂、甲腹茧蜂。

防治方法 （1）防治越冬幼虫。上年受害重的樱桃园在越冬出蛰前刮除老翘皮，集中烧毁。再用80%敌敌畏乳油100倍液封闭剪锯口，消灭越冬幼虫。（2）4月中、下旬越冬代幼虫和5～6月第1代幼虫卷叶为害时，人工摘除虫苞，集中烧毁。（3）在越冬代和第1代成虫发生期，用性诱剂（顺-9-十四烯醇乙酸酯与顺-11-十四烯醇乙酸酯之比为7∶3）配合糖醋液诱杀成虫。糖醋液配方：糖5份、酒2份、醋20份，加水80份。每667m^2也可用苹小性诱芯2枚，高度1.5m，每月更换1次诱芯，每天清理1次诱盆中的死蛾。（4）成虫产卵盛期释放赤眼蜂，每次每株释放1000头，隔5天1次，连放4次。（5）在越冬幼虫出蛰初盛期和成虫高峰期喷洒5%氯虫苯甲酰胺悬浮剂1000倍液或24%氰氟虫腙悬浮剂1000倍液或20%虫酰肼乳油2000倍液或25%灭幼脲悬浮剂1500倍液。少用或不用菊酯类杀虫剂，以保护天敌。

樱桃园黄色卷蛾

学名 *Choristoneura longicellana* Walsingham，属鳞翅目、夜蛾科，又叫苹果大卷叶蛾。

寄主 除为害桃、李、杏、梅、苹果、梨外，还为害樱桃。

为害特点 以幼虫吐丝把叶片或芽缀合在一起，或单叶卷起潜伏在其中为害叶片和果实，或啃食新梢上的嫩芽或花蕾，造成受害果坑坑洼洼。

生活习性 该虫在辽宁、河北、陕西年生1代，均以低龄幼虫在树干翘皮下或剪口、锯口处结白茧越冬，翌春樱桃树开花时幼虫出蛰，为害嫩叶或卷叶，老熟后在卷叶内化蛹，蛹期6～9天，6月上旬始见越冬成虫，6月中旬进入成虫盛发期，羽化后昼伏夜出，交尾后把卵产在叶上。卵期5～8天。初孵幼虫借吐丝下垂分散到叶上，啃食叶背的叶肉，2龄后卷叶。6月下旬～7月上旬为第1代幼虫发生期，8月上旬第1代成虫出

樱桃园黄色卷蛾幼虫及其为害嫩梢叶片状

现，8月中旬进入成虫盛发期。成虫继续产卵，出现第2代幼虫，为害一段时间后寻找适当场所越冬。

防治方法 参见苹果小卷蛾。

樱桃叶蜂

学名 *Trichiosoma bombiforma*，属膜翅目、叶蜂科。

寄主 樱桃、蔷薇、月季、玫瑰等果树和花卉等。

为害特点 以幼虫咬食寄主叶片，大发生时，常多头幼虫群集于叶背，将叶片吃光。雌虫产卵于枝条，造成枝条皮层破裂或枝枯，影响生长发育。

樱桃叶蜂幼虫及其为害叶片状（刘开启）

樱桃叶蜂成虫及产卵部位（刘开启）

形态特征 成虫：体长7.5mm，翅黑色，半透明；头、胸部和足黑色，有光泽；腹部橙黄色；触角鞭状3节，第3节最长。幼虫：体长20mm，初孵时略带淡绿色，头部淡黄色，后变成黄褐色；胴部各节具3条横向黑点线，黑点上生有短刚毛；腹足6对。蛹：乳白色。茧：椭圆形，暗黄色。

生活习性 年生1代，以蛹在寄主枝条上越冬。成虫于翌年3月中旬～4月上旬羽化，4月中旬～6月上旬进入幼虫为害期，幼虫期50多天，6月上旬开始化蛹，以后在枝条上越冬。雌成虫产卵时，先用产卵器在寄主新梢上刺成纵向裂口，然后产卵其内，产卵部位常纵向变色，外覆白色蜡粉。幼虫孵化后，转移到附近叶片上为害。幼虫取食或静止时，常将腹部末端上翘。

防治方法 （1）成虫产卵盛期，及时发现和剪除产卵枝梢；幼虫发生期，人工摘除虫叶或捕捉幼虫。（2）发生严重时，于幼虫期喷洒20%氰·辛乳油1000倍液或2.5%溴氰菊酯乳油2000倍液、5%天然除虫菊素乳油1000倍液。

樱桃园梨叶蜂

学名 *Caliroa matsumotonis* Harukawa，属膜翅目、叶蜂科。又称桃黏叶蜂。分布在山东、河南、山西、西北、四川、浙江、云南等地。

寄主 梨叶蜂除为害梨、桃、李、杏外，还为害樱桃、柿、山楂等。以低龄幼虫取食叶肉，仅残留表皮，从叶缘向里食害，为害时以胸足抱着叶片，尾部多翘起。幼虫略长大食叶成缺刻或孔洞。大发生时把叶食成残缺不全或仅留叶脉。

生活习性 该虫以老熟幼虫在土中结茧越冬，河南、南京成虫于6月羽化，陕西8月上旬幼虫为害最重。

樱桃园梨叶蜂幼虫为害状（夏声广）

梨叶蜂在叶缘群集

防治方法 （1）春季或秋季对樱桃园进行浅耕，杀灭越冬幼虫。（2）6月份地面防治梨小食心虫或桃小食心虫时用30%辛硫磷微胶囊悬浮剂200～300倍液地面喷雾，能有效防治梨叶蜂。（3）幼虫为害初期喷洒2.5%溴氰菊酯乳油2000倍液或10%联苯菊酯乳油或水乳剂3000倍液、35%辛硫磷微胶囊剂800倍液。

樱桃实蜂

学名 *Fenusa* sp.，属膜翅目、叶蜂科，是近年发现的新害虫，分布于陕西、河南等地。

寄主 樱桃。

为害特点 以幼虫蛀入果内取食果核和果肉。受害重的虫果率高达50%，受害果内充满虫粪。后期果顶变红脱落。

形态特征 雌成虫：体长5.3～5.7mm，翅展12～13mm。成虫头、胸、腹背面黑色，复眼黑色，3单眼橙黄色，触角9节丝状，第1、第2节粗短黑褐色。中胸背板具“X”形纹。翅透明，翅脉棕褐色。卵：乳白色，透明，长椭圆形。末龄幼虫：头浅褐色，体黄白色，胸足不发达，体多皱褶和凸起。茧：圆柱形，革质，蛹浅黄色至黑色。

樱桃实蜂幼虫及果实受害状

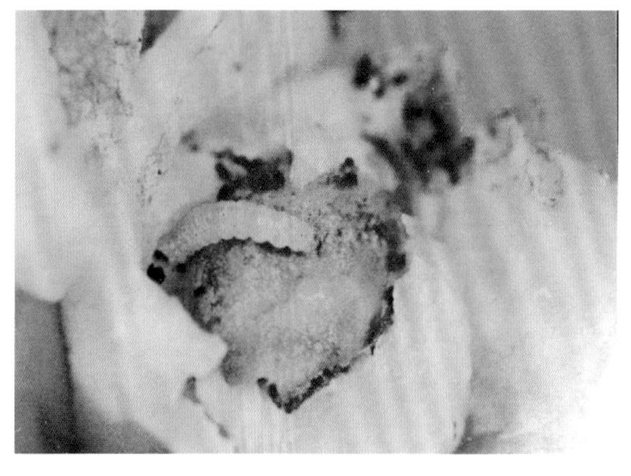

樱桃实蜂幼虫及为害樱桃果实状

生活习性 年生1代，以老熟幼虫结茧在土中滞育，12月中旬开始化蛹。翌年3月中、下旬樱桃开花期羽化，交配后把卵产在花萼下，初孵幼虫从果顶蛀入，5月中、下旬脱果入土结茧滞育。成虫羽化盛期正值樱桃始花期，早晚、阴天栖息在花冠上，取食花蜜，补充营养，中午交配产卵，幼虫老熟后从果柄处咬1脱果孔落地钻入土中结茧越冬。

防治方法 （1）老龄幼虫入土越冬时，可在树体周围深翻5 ～ 8cm杀灭幼虫，也可在4月中旬幼虫尚未脱果时及时摘除虫果深埋。（2）樱桃开花初期喷洒80%或90%敌百虫可溶性粉剂1000倍液或20%氰戊菊酯乳油2000倍液杀灭羽化盛期的成虫。（3）4月上旬卵孵化期，孵化率达5%时，喷洒40%敌百虫乳油500倍液或20%氰·辛乳油1000倍液、9%高氯氟氰·噻乳油1100倍液。

樱桃园角斑台毒蛾

学名 *Teia gonostigma*（Linnaeus），属鳞翅目、毒蛾科。分布在东北、华北、河南、山西等地。

寄主 主要为害樱桃、桃、李、杏、苹果、梨、山楂等。

为害特点 以幼虫食叶和芽成缺刻或孔洞，严重时嫩叶全被吃光，仅留叶柄，果实受害被啃成大小不等的小洞，直接影响果树开花，造成成果率降低。

生活习性 该虫在东北年生1代，华北2代，山西3代。以2 ～ 3龄幼虫在翘皮下或落叶下越冬，樱桃发芽后开始为害，6月末老熟后在枝杈处缀叶结茧化蛹。7月上旬羽化，把卵产在茧上，每块100 ～ 250粒。孵化后幼虫分散为害，后越冬。

樱桃园角斑台毒蛾幼虫

防治方法 （1）花芽分离期用5°Bé石硫合剂或辛硫磷乳油1000倍液。（2）人工捕杀。生长季人工捏卵块，摘除蛹叶。初春早晨日出前，在枝干上和芽基处捕杀幼虫。（3）诱杀成虫。成虫发生期5月上旬、6月下旬、8月上旬安装诱虫灯诱杀雄蛾。（4）生长季节在各代幼虫3龄前喷洒1.8%阿维菌素乳油3000倍液或1%甲氨基阿维菌素苯甲酸盐乳油4000倍液或30%茚虫威水分散粒剂1500倍液。

樱桃园杏叶斑蛾

学名 *Illiberis psychina* Oberthur，属鳞翅目、斑蛾科。别名：杏毛虫、杏星毛虫。分布在辽宁、河北、山东、山西、河南、陕西、湖北、江西等地。

为害特点 初孵幼虫为害樱桃、李、梅、杏、柿、桃等寄主的芽、花、嫩叶，使叶片产生许多斑点或食叶成缺刻或孔洞，有的仅残留叶柄。

形态特征 成虫：体长7～10mm，全体黑色，有蓝色光泽，翅半透明，翅脉黑。卵：初产时浅黄色，后变成黑褐色，椭圆形。末龄幼虫：体长15mm，头特小，褐色，背面暗紫色，胴部每节具6个毛丛，毛丛上具白色细短毛多根，腹面紫红色。

樱桃园杏叶斑蛾幼虫放大（夏声广）

生活习性 年生1代，以初龄幼虫在老树皮裂缝中做小白茧越冬。樱桃发芽后幼虫蛀害花、芽及叶，主要在夜间为害，进入5月中、下旬幼虫老熟，爬至树干下结茧化蛹，蛹期15～20天，6月上、中旬羽化，交配产卵，孵出幼虫稍加取食后，又爬至树缝中结茧越冬。

防治方法 （1）冬季、春季刮除主干及粗枝上的翘皮或裂皮，集中烧毁。生长季节摘除有虫苞叶。（2）抓住越冬幼虫出蛰后为害芽期及1代幼虫发生始盛期喷洒5% *S*-氰戊菊酯乳油2500倍液或20%氰戊菊酯乳油2000倍液、20%氰戊·辛硫磷乳油1500倍液。

李叶斑蛾

学名 *Elcysma westwoodi* Vollenhoven，属鳞翅目、斑蛾科。

寄主 樱桃、李、梅、苹果。

为害特点 幼虫食叶片成缺刻，也常为害果实。

形态特征 成虫：体黄白色，半透明。头部黑色，阳光照射呈蓝色，翅浅黄色、半透明，翅脉黄绿色，两侧有黑色细

李叶斑蛾成虫

鳞，前翅基部及翅顶黄色，外侧黑有光泽，后翅颜色同前翅，M3和R5脉间伸出1条细长带。

生活习性 1年发生1代，以幼虫潜藏在老树皮下越冬，5月上旬开始为害，老熟后卷叶吐丝织成白茧，成虫于7月下旬羽化，飞翔缓慢。

防治方法 参见樱桃园杏叶斑蛾。

樱桃园梨网蝽

学名 *Stephanitis nashi* Esaki et Takeya，属同翅目、网蝽科。

生活习性 近年随樱桃种植面积扩大，梨网蝽为害逐年加重，该虫在山东枣庄市年发生4代，以成虫在枯枝落叶、翘皮缝、杂草及土石缝中越冬，翌年4月上旬开始活动，6月初第1代成虫出现，7月中旬～8月上旬进入为害盛期，世代重叠，10月中旬后陆续越冬，该虫除为害梨、苹果外，还为害桃、海棠、樱桃等，现正严重为害樱桃。每年清明前后出蛰的越冬成虫，把卵产在樱桃叶背组织中，孵化后集中在叶背叶脉两侧为害，4月上旬气温15℃以上樱桃正处在坐果期，7～8月樱桃生长旺盛阶段进入为害高峰期。

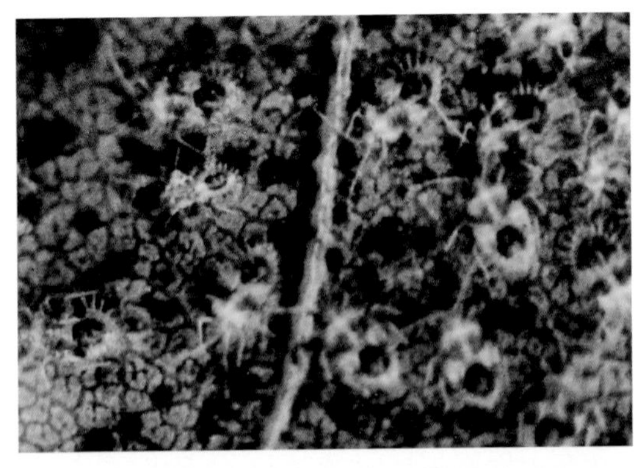

樱桃园梨网蝽若虫

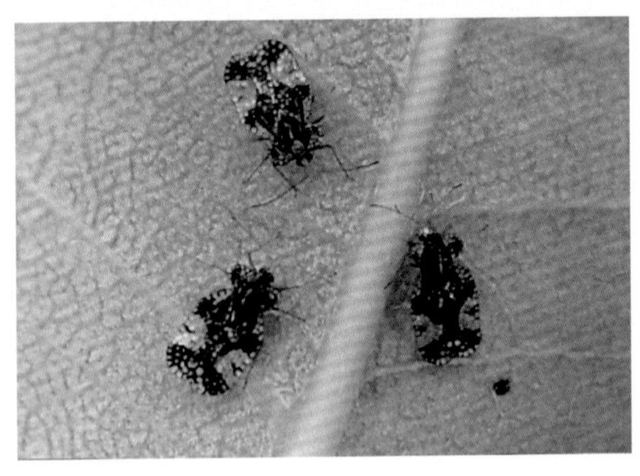

梨网蝽成虫放大

防治方法 (1) 冬季结合果园修剪剪除枯枝，扫除落叶烂果以破坏越冬场所，春季越冬成虫出蛰前结合刮树皮，树干涂抹30倍硫悬浮剂消灭越冬成虫。(2) 9月份在树干上绑干草诱集越冬成虫，冬季解下绑缚的草把并集中烧毁，在诱杀时应注意保护天敌。(3) 越冬成虫出蛰后及第1代若虫孵化盛期及时喷洒1.8%阿维菌素乳油4000倍液或5%啶虫脒乳油2500倍液或10%吡虫啉可湿性粉剂3000倍液。(4) 由于樱桃树体高喷药困难，可采用全封闭式的地下埋药防治法。即用一容量为500ml左右广口玻璃容器，在盖上打2个孔，然后挖开地面露出树根，将根从1孔插入容器内，另1孔插入1直管，露出地面约50cm，然后覆土埋严，将上述药剂配成药液，从直管灌入即可。药液不要超过容器容量，以免溢出造成污染。此装置可长期持续利用，也可药、肥兼施，能够明显提高药物利用率。

樱桃园黄刺蛾

学名 *Cnidocampa flavescens*（Walker），属鳞翅目、刺蛾科。分布在全国各地。

寄主 除为害柑橘、苹果、梨、桃外，还为害樱桃。

为害特点 以低龄幼虫群聚食害叶肉，把叶片食成网状，虫体长大后，把叶片吃成缺刻，仅残留叶柄和主脉。

黄刺蛾成虫和虫茧

黄刺蛾幼虫

生活习性 该虫在北方果区年生1代，浙江、河南、江苏、四川年生2代，以老熟幼虫在树枝上结茧越冬。1代区成虫于6月中旬出现，2代区5月下旬～6月上旬羽化，第1代幼虫6月中旬发生，第2代幼虫为害盛期在8月上中旬～9月中旬。成虫有趋光性，把卵产在叶背。第2代老熟幼虫于10月上旬在主干或枝杈处结茧越冬。

防治方法 （1）冬季修剪彻底清除黄刺蛾越冬茧。（2）安装频振式杀虫灯诱杀成虫。（3）在低龄幼虫期喷洒5%氟铃脲乳油1500倍液或2.5%溴氰菊酯乳油2000倍液或20%除虫脲悬浮剂1800倍液、5%S-氰戊菊酯乳油2200倍液、5%氯虫苯甲酰胺悬浮剂1000倍液或24%氰氟虫腙悬浮剂1000倍液。（4）利用上海青蜂防治黄刺蛾效果显著。

樱桃园扁刺蛾

学名 *Thosea sinensis*（Walker），属鳞翅目、刺蛾科。分布在河北、山东、辽宁、吉林、黑龙江、江西、江苏、安徽、浙江、福建、台湾、广东、广西、湖北、湖南、四川、贵州、云南。

寄主 除为害苹果、梨、柑橘、枇杷、杏、桃、李、柿、核桃、石榴、栗、椰子等外，还为害樱桃。

为害特点 以低龄幼虫群集食害叶肉成网状，长大后把叶片吃成缺刻，仅留叶柄和主脉。

生活习性 该虫在北方年生1代，浙江2代，江西2～3代，均以老熟幼虫在树干周围3～6cm深的土中结茧越冬。北方果区越冬幼虫于翌年5月中旬化蛹，6月下旬羽化，6月中下旬～7月中旬进入成虫盛发期。浙江、江西4月下旬化蛹，5月下旬开始羽化，5月下旬～7月中下旬进入幼虫为害期。第2代

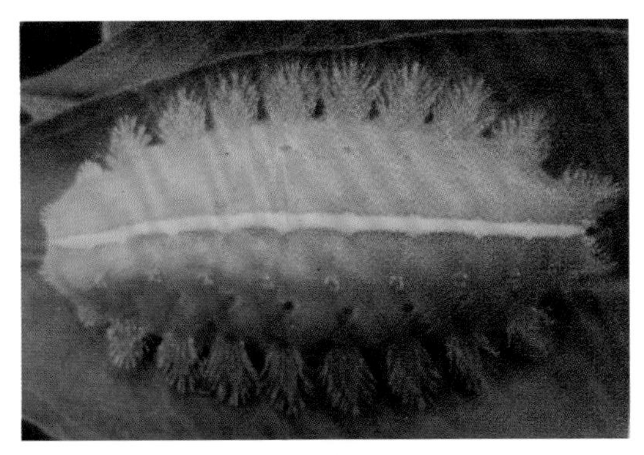

扁刺蛾幼虫

扁刺蛾成虫

幼虫于7月下旬～翌年4月出现。

防治方法 （1）在幼虫下树结茧之前疏松树干四周土壤，可引诱下树幼虫集中结茧，集中杀灭。（2）卵孵化盛期和低龄幼虫期喷洒24%氰氟虫腙悬浮剂或5%氯虫苯甲酰胺悬浮剂1200倍液、20%除虫脲悬浮剂2000倍液。（3）保护利用其天敌上海青蜂、刺蛾广肩小蜂。

樱桃园褐边绿刺蛾

学名 *Latoia consocia*（Walker），属鳞翅目、刺蛾科。别名：青刺蛾、绿刺蛾、棕边绿刺蛾、四点刺蛾、曲纹绿刺蛾等。

樱桃园褐边绿刺蛾成虫和幼虫

寄主 除为害枣、核桃、栗、石榴、枇杷、柿、梨、桃、李、山楂、柑橘外，还为害樱桃，其特点同黄刺蛾。

生活习性 该虫在东北、华北一带年生1代，河南、长江中下游年生2代，以末龄幼虫在枝条上结茧越冬，1代区越冬幼虫在5月中、下旬开始化蛹，6月中旬羽化成虫，6月下旬幼虫开始孵化，8月份受害重。2代区成虫发生在5月下旬～6月中旬，第1代幼虫发生期多在6月中旬～7月中下旬，第2代幼虫发生期在8月下旬～10月上旬。

防治方法 同黄刺蛾。

樱桃园丽绿刺蛾

学名 *Parasa lepida*（Cramer），属鳞翅目、刺蛾科。别名：绿刺蛾、褐边绿刺蛾、曲纹绿刺蛾等。幼虫俗称洋辣子。分布在东北、华东、华北、中南及四川、陕西、云南等地。

寄主 除为害石榴、桃、李、杏、梅、枣、山楂、核桃、柿、栗外，还为害樱桃。

为害特点 以幼虫孵化后先群集为害嫩叶呈网状。成长幼虫取食叶肉，仅留叶脉。

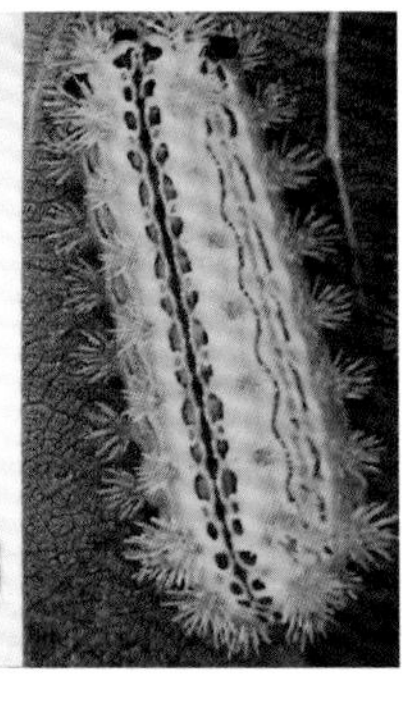

丽绿刺蛾成虫和幼虫

形态特征 成虫：体长16mm，翅展38～40mm，触角褐色，雄蛾栉齿状，雌蛾丝状。头顶、胸背绿色，胸背中央生1棕色纵线，腹部灰黄色。前翅绿色，基部生暗褐色大斑，外缘灰黄色，并散有暗褐色小点，内侧生暗褐色波状纹和短横线纹；后翅灰黄色，前、后翅缘毛浅棕色。卵：长1.5mm，扁平椭圆形。末龄幼虫：体长25～28mm，头小，体短且粗，蛞蝓形，粉绿色，背面色略浅，背中央生3条暗绿色至蓝色带，从中胸至第8节各生4个瘤状凸起，瘤突上生有刺毛丛，腹部末端有4丛球状蓝黑色刺毛，前瘤红色。体侧生1列带刺的瘿。蛹：长13mm，椭圆形。茧长15mm。

生活习性 黄淮地区、长江中下游年生2代，以老熟幼虫在树冠下草丛浅土层内或树皮裂缝处结茧越冬。翌年幼虫于4月下旬～5月上旬化蛹。第1代成虫于5月下旬～6月上旬出现，第1代幼虫发生在6～7月间；第2代成虫8月中、下旬出现，幼虫发生在8月下旬～9月间，10月上旬入土结茧越冬。成虫趋光性强。喜在夜间交尾，把卵产在叶背，数十粒块产。初孵幼虫群聚为害，有时8～9头在1片叶上为害，2～3龄后开始分散。

防治方法 （1）清除越冬茧，或在树盘下挖捡虫茧。（2）摘除有虫叶并集中烧毁。（3）药剂防治参见黄刺蛾。

樱桃园苹掌舟蛾

学名 *Phalera flavescens*（Bremer et Grey），属鳞翅目、舟蛾科。

为害特点 在樱桃园苹掌舟蛾初孵幼虫为害叶片上表皮和叶肉，残留下表皮和叶脉，致受害叶成网状，2龄幼虫开始为害叶片，残留叶脉，3龄后可把叶片吃光，仅剩叶柄，严重影响树势。除为害樱桃外，还可为害梅、李、杏、桃、梨、苹果、山楂等。

樱桃园苹掌舟蛾成虫

樱桃园苹掌舟蛾幼虫

生活习性 该虫在我国樱桃产区年生1代，以蛹在表土层越冬，东北、西北成虫于6月上旬开始羽化，7月下旬～8月中旬进入羽化高峰，南方成虫羽化延续到9月。成虫喜傍晚活动，把卵产在叶背，卵期7天，1～2龄群集，头向外排列在1叶或几个叶片上，3龄后分散为害。大发生时常成群结队迁移为害，十分猖獗。成虫趋光性强，幼虫受惊有吐丝和假死性。9月下旬～10月上旬老熟幼虫沿树干向下爬或吐丝下垂，入土化蛹后越冬。

防治方法 （1）秋末冬初及时深翻，把越冬蛹冻死、晒死。（2）1～2龄幼虫发生期人工剪除有虫枝叶，集中烧毁。（3）幼虫3龄前喷洒25%灭幼脲3号悬浮剂2000倍液或每克含100亿以上活孢子的青虫菌粉剂900倍液。

樱桃园梨潜皮细蛾

学名 *Acrocercops astaurota* Meyrick，属鳞翅目、细蛾科。别名：梨皮潜蛾、串皮虫等。

为害特点 梨潜皮细蛾主要为害新梢，幼虫在表皮下窜蛀形成弯曲虫道，后虫道并到一起造成表皮开裂干枯翘起，有

樱桃园梨潜皮细蛾成虫

的为害果皮，造成果皮开裂。

生活习性 该虫在辽宁、河北年生1代，山东、陕西2代。1代区低龄幼虫在受害枝的虫道里越冬，翌年5月上旬开始为害，在枝的表皮下窜蛀。陕西关中3月下旬开始活动，5月中旬老熟后在枝干皮层下结茧化蛹，5月下旬～6月上旬进入化蛹盛期，6月上旬越冬代成虫羽化，6月下旬第1代卵孵化，幼虫蛀入为害，7月中、下旬幼虫老熟化蛹。第2代幼虫于8月下旬侵入为害，11月上旬越冬。

防治方法 重点抓好越冬代成虫发生盛期喷药，防止第1代幼虫蛀枝为害，可喷24%氰氟虫腙悬浮剂或5%氯虫苯甲酰胺悬浮剂1000倍液或25%吡·灭幼或25%阿维·灭幼悬浮剂2000倍液。

樱桃园二斑叶螨

学名 *Tetranychus urticae* Koch，又称白蜘蛛，在辽宁、山东、河南均有发生。

寄主 除为害苹果、梨、桃、杏外，还为害樱桃、草莓等。

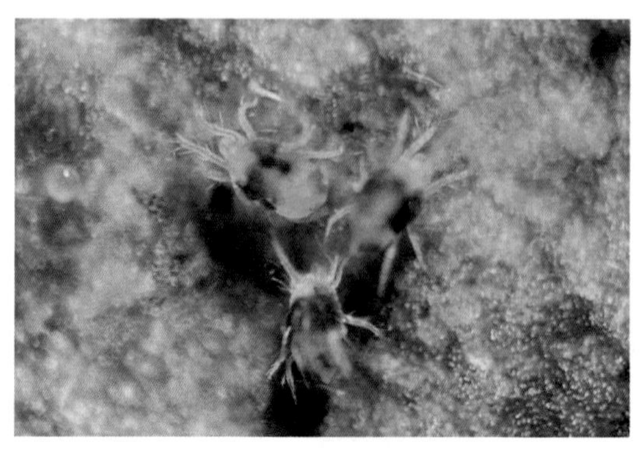

樱桃园二斑叶螨雌成螨

为害特点 为害初期多聚在叶背主脉两侧，造成叶片失绿变褐，密度大时结1薄层白色丝网，提早落叶。

生活习性 该螨每年发生10多代，以受精的越冬型雌成螨在地面土缝中越冬，陕西越冬雌成螨3月上旬出蛰，4月上旬上树为害。9月出现越冬型雌成螨。

防治方法 （1）严格检疫。（2）樱桃园间作作物间发现二斑叶螨时，地面喷洒1.8%阿维菌素乳油4000倍液。（3）上树后喷洒43%联苯肼酯（爱卡螨）悬浮剂3000倍液或24%螺螨酯悬浮剂3000倍液。

樱桃园山楂叶螨

学名 *Tetranychus veinnensis* Zacher。

寄主 除为害苹果、梨、桃、杏、李、山楂外，也为害樱桃。

生活习性 年生5～10代，以受精雌螨群集在树干、枝杈、皮缝和土壤中越冬，翌年樱桃发芽时，上树为害芽和展开的叶，花蕾受害不能开花。

防治方法 春季出蛰盛期和1代盛发期，喷洒24%螺螨

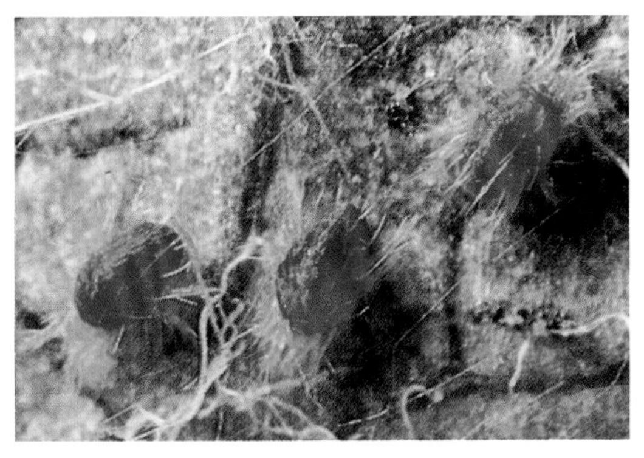

山楂叶螨越冬型雌成螨放大

酯悬浮剂3000倍液或43%联苯肼酯悬浮剂3000倍液或1.2%阿维·高氯高渗乳油1800倍液。

樱桃园肾毒蛾

学名 *Cifuna locuples* Walker，又称肾纹毒蛾。

寄主 除为害苹果、茶树、草莓、柿外，还为害樱桃。

樱桃园肾毒蛾幼虫

为害特点 以幼虫食叶成缺刻或孔洞。

生活习性 该虫在江淮、黄淮、长江流域年生3代，浙江5代，贵州2代，均以3龄幼虫在树冠中下部叶背面或枯枝落叶下越冬。翌年4月开始为害，贵州第1代成虫于5月中旬～6月下旬发生，第2代于8月上旬～9月中旬发生。南方重于北方。

防治方法 （1）各代幼虫分散之前，及时摘除群集为害的低龄幼虫。（2）受害重的地区在3龄前喷洒10%苏云金杆菌可湿性粉剂800～900倍液。

樱桃园丽毒蛾

学名 *Calliteara pudibunda*（Linnaeus）。

樱桃园丽毒蛾成虫

寄主　除为害草莓外，还为害樱桃、苹果、梨等果树。

为害特点　以幼虫食叶成缺刻或孔洞。

生活习性　该虫在北京、山东、陕西、河南年生2代，以蛹越冬。翌年4～6月和7～8月出现各代成虫，5～7月和7～9月进入各代幼虫为害期，一直为害到9月下旬才结茧越冬。生产上第2代为害重。

防治方法　发生数量大时喷洒10%苏云金杆菌可湿性粉剂800倍液，或40%辛硫磷乳油1000倍液、30%茚虫威水分散粒剂1500倍液。

樱桃园绢粉蝶

学名　*Aporia crataegi* Linnaeus。

寄主　除为害山楂、苹果、梨、桃、李外，还为害樱桃。

为害特点　以幼虫食害樱桃芽、花、叶，低龄幼虫吐丝结网巢，在网巢中群居为害，幼虫长大后分散为害。

生活习性　该虫1年发生1代，以3龄幼虫群集在树梢虫巢里越冬，翌春越冬幼虫先为害芽、花，随之吐丝缀叶为害，幼虫老熟后在枝叶或杂草丛中化蛹，5月底～6月上旬羽化，

绢粉蝶幼虫群聚在樱桃树上

樱桃园绢粉蝶成虫栖息在叶片上

交配后把卵产在叶上，每个卵块有数十粒，6月中旬孵化后为害至8月初，又以3龄幼虫越冬。

防治方法 （1）结合冬剪剪除虫巢，集中烧毁。（2）春季幼虫出蛰后，喷洒1.5%氰戊·苦参碱乳油800～1000倍液。

褐点粉灯蛾

学名 *Alphaea phasma*（Leech），属鳞翅目、灯蛾科，又名粉白灯蛾。分布在湖南、四川、贵州、云南等地。

寄主 除为害柿、梅、桃、梨、苹果外，还为害樱桃。

褐点粉灯蛾成虫和幼虫放大

为害特点　以幼虫啃食樱桃等寄主叶片，常吐丝织半透明的网，可把叶片表皮、叶肉啃食殆尽，叶缘成缺刻，造成叶卷曲枯黄。

生活习性　该虫在云南年生1代，以蛹越冬，翌年5月上、中旬羽化，交尾产卵，6月上、中旬卵孵化，幼虫共7龄，为害甚烈。

防治方法　（1）人工刮卵、摘卵，摘除低龄群栖幼虫。（2）虫口数量大的樱桃园喷洒80%或90%敌百虫可溶性粉剂1000倍液或25%阿维·灭幼悬浮剂2000倍液。

樱桃园黑星麦蛾

学名　*Telphusa chloroderces* Meyrick。

寄主　除为害桃、李、杏、苹果外，还为害樱桃。

为害特点　以幼虫群集卷叶为害。

生活习性　该虫1年发生3～4代，以蛹在杂草下越冬，4～5月成虫羽化，把卵产在新梢上叶柄处。山东等地幼虫发生在5～6月，第2代6～7月，第3代7～8月和9月。

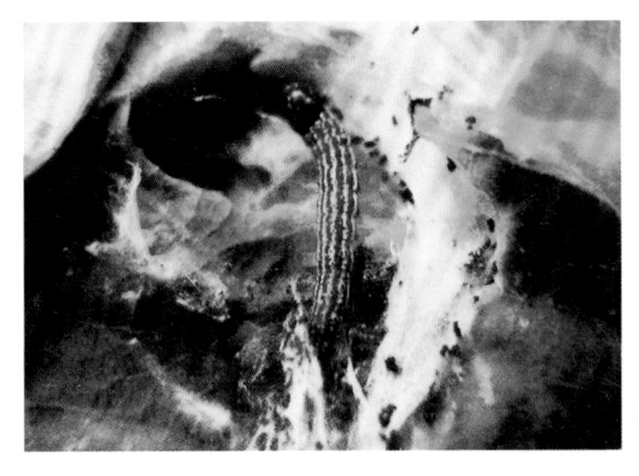

樱桃园黑星麦蛾幼虫（李晓军）

防治方法　冬季彻底清除田间落叶、杂草，刮除翘皮，消灭越冬虫源。发生严重的于幼虫为害初期喷洒90%敌百虫可溶粉剂或20%氰·辛乳油1000～1500倍液、20%丁硫·马乳油1500倍液。

白带尖胸沫蝉

学名　*Aphrophora intermedia* vhler，又名吹泡虫，我国南北果区均有分布。

寄主　樱桃、苹果等果树。

为害特点　成虫、若虫在嫩梢、叶片上刺吸汁液，造成新梢生长不良。雌成虫把卵产在枝条组织中，造成枝条干枯。

形态特征　成虫体长8～9mm。前翅革质，静止时呈屋脊状放置，前翅上生一明显的灰白色横带。若虫后足胫节外侧生有两个棘状突起，由腹部排出大量白色泡沫遮盖虫体。

生活习性　1年发生1代，以卵在枝条上或枝条内越冬。翌年4月间越冬卵开始孵化，5月上、中旬进入孵化盛期，初孵若虫喜群集在新梢基部取食，虫体腹部不断地排出泡沫，把虫体覆盖，尾部翘起、露出泡沫外。7～8月成虫交配产卵，

白带尖胸沫蝉为害樱桃状

白带尖胸沫蝉成虫

雌成虫寿命长达30～90天，一生可产卵几十粒至上百粒。

防治方法 （1）秋冬季剪除着卵枯枝。（2）若虫群聚时喷洒10%吡虫啉可湿性粉剂1500倍渡或1%阿维·吡乳油1200倍液、14%阿维·丁硫乳油1300倍液。

樱桃园梨金缘吉丁虫

学名 Lampra limbata Gebler，又叫梨吉丁虫，俗称串皮虫。

寄主 除为害梨、苹果、桃、李、杏、山楂外，还为害樱桃。

樱桃园梨金缘吉丁虫成虫放大

樱桃园梨金缘吉丁虫幼虫放大

为害特点 以幼虫在樱桃树干皮层纵横窜食，蛀害皮层、韧皮部和木质部，破坏输导组织，造成受害部变黑。

生活习性 该虫在河北、江苏、山东1年1代或2年1代，河南、山西2年1代，成虫一般在5月上旬～6月下旬发生，5月底～6月初进入盛期。

防治方法 7～8月在幼树枝梢变黑处用小刀挖出幼虫，涂5°Bé石硫合剂保护伤口。

樱桃园角蜡蚧

学名 *Ceroplastes ceriferus*（Anderson）。

角蜡蚧

寄主 除为害柑橘、柿、龙眼、荔枝外，还为害樱桃、石榴、油梨等。

为害特点 以成虫、若虫为害枝干，致叶片变黄，树干表面凸凹不平，树皮裂缝，造成树势衰弱，诱发煤污病。

生活习性 该虫1年发生1代，以受精雌虫在枝上越冬，翌春继续为害，6月产卵在体下，若虫期80～90天。

防治方法 （1）冬季或3月前剪除有虫枝并烧毁。（2）低龄若虫期喷洒1.8%阿维菌素乳油1000倍液或0.2%高渗甲维盐微乳剂2000～2500倍液。

樱桃园朝鲜褐球蚧

学名 *Rhodococcus sariuoni* Borchseniu同翅目蚧科樱桃园朝鲜褐球蚧。分布于东北、华北、西北。

寄主 苹果属、樱属和绣线菊属等。

形态特征 雌成虫体前期卵形，背部突起，向后倾斜，下部凹入，从肛门向体背、侧有黑凹点4纵列，全体赭红色；产卵后虫体球形，长、宽约4mm，高3～4mm，褐或亮褐色，向前和两侧高突，后半略平斜，其上留有黑凹点4纵列，触角6节；气门路上五格腺22～28个成1～2列，气门刺1～2根，

朝鲜褐球蚧雌成虫寄生状

锥状；缘毛细长，1列，毛间距离为缘毛长之一半或与之等长；肛环退化，仅为无孔、无环毛的狭环，肛板端外侧有长毛4根，肛周体壁硬化而有网纹；多格腺在胸部腹面成群，在腹部腹面成横带，杯状腺分布在腹面亚缘区。雄成虫长约2mm，淡棕红色，中胸盾片黑色，翅展约5.5mm；触角丝状，10节，腹末交尾器两侧各有白色长蜡毛1根。卵卵圆形，长约 0.5mm，淡橘红色，覆白色蜡粉。此虫与樱桃园杏球坚蚧是2个种要注意区别。

生活习性 北京一年发生1代，以若虫在枝上越冬。寄生在枝干上为害，春季寄主植物萌芽时开始为害，4月下旬至5月上中旬成虫羽化，雄成虫极少，孤雌卵生，5月中旬雌成虫产卵于体下，每头雌成虫产卵1000 ～ 2500粒，5月下旬若虫开始孵化，初孵若虫分散到嫩枝或叶背寄生，发育极缓慢，10月落叶前发育为2龄若虫，转移到枝条上固定越冬。天敌有长缘刷盾跳小蜂及瓢虫等。

防治方法 （1）加强植物检疫，防止人为传播。（2）加强田间养护管理，增强树体自身抗虫能力。（3）初冬或早春向树体喷洒3 ～ 5°Bé石硫合剂，杀灭越冬虫体。（4）若虫活动盛期向干枝喷洒10%吡虫啉可湿性粉剂2000倍液。（5）保护天敌，如跳小蜂、瓢虫等。

樱桃园杏球坚蚧

又称朝鲜球坚蚧、朝鲜毛球蚧、桃球坚蚧等，主要分布在日本、朝鲜，中国主要分布在河北、山东、辽宁、山西、陕西、甘肃、新疆、北京等省市。

寄主 除樱桃外，还为害桃、杏、李、山楂、苹果、梨等多种果树。

学名 *Didesmococcus koreanus* Borchsenius，属同翅目、蜡蚧科。

樱桃园杏球坚蚧为害枝条

天敌瓢虫幼虫捕食朝鲜毛球蚧若虫

为害特点 以若虫和成虫聚集在枝干上终生吸食汁液，严重时使枝条干枯。一般虫株率15%左右，严重的达30%以上。

形态特征 雌成虫：半球形，长3～3.5mm，宽2.7～3.2mm，高2.5mm，体侧近垂直，接近寄主的下缘加宽，初为棕黄色，有光泽及小点刻。雄成虫：小，1对翅，半透明。介壳扁长圆形，白色。1龄若虫：长0.5mm，长圆形，粉红色，触角和3对胸足发达，腹末生2个突起，各生白色尾毛1根。卵：长椭圆形，初产时白色，后渐变粉红色。

生活习性 山西长治及全国1年发生1代，以2龄若虫固着在枝条上越冬。翌年3月中旬雄、雌分化，雌若虫3月下旬蜕皮形成球形。雄若虫4月上旬分泌介壳，蜕皮化蛹。5月上旬产卵，6月中旬形成白色蜡层，包在虫体四周。越冬前蜕皮1次，蜕皮包在2龄若虫体下，到10月份进入越冬期。入冬后露地樱桃树叶片全部脱落，介壳虫也进入休眠期，正是采取物理措施防治介壳虫的最佳时机。

防治方法 （1）及时修剪，冬剪时剪掉有蚧虫枝条，夏剪时于7月上旬剪除过密枝，剪掉产卵叶片和卵孵枝条，集中烧毁。（2）4月底以前用硬尼龙毛刷或铁丝刷除越冬的雌蚧和雄蚧，集中烧毁。（3）保护树体，11月中旬可在幼树根颈处培土，大树刮皮涂白。萌芽前喷洒5°Bé石硫合剂。（4）利用黑缘红瓢虫的成虫和幼虫捕食杏球坚蚧，效果相当好。可在春季、秋季人工招引瓢虫，尽量少喷广谱杀虫剂。有条件的提倡释放软蚧蚜小蜂和黄蚜小蜂，在4月份和7月份，每667m^{2}释放软蚧蚜小蜂和黄蚜小蜂3万头。本作者2017年在北京观察：自家院内的一棵樱桃树于5月初发现树体中部树干上几天功夫生出的杏球坚蚧布满了树干，想用药但因树体高打药困难，经观察瓢虫很多，虽然没用药，但20天后虫干上的杏球坚蚧雌雄成虫、若虫几乎全被瓢虫消灭，生物防治发挥了巨大作用，完全控制了该虫危害。（5）早春发芽前，及时刮除、铲除老翘皮，人工刷抹有虫枝，铲除介壳虫，结合修剪剪除有虫枝，要求刷净、剪净集中烧毁，对发生严重的樱桃园，可用硬刷或钢刷刷除1～3年生枝条上的介壳虫。然后用3%～5%柴油乳油喷洒枝条，防效高。也在树上喷5°Bé石硫合剂。生长期5月下旬喷洒5%啶·高乳油1200倍液或5%啶虫脒可湿性粉剂1800倍液、0.2%高渗甲维盐微乳剂2000～2500倍液。（6）生产上还可选择树液流动期喷洒40%安棉特或40%好年冬10～15倍液+柔水通4000倍液混合涂抹主干或主枝，防治介壳虫兼治其他刺吸式口器害虫。（7）可在冬天用喷雾器往树上喷清水，在树枝上结一层冰，下午用木棒敲打或振动树枝，反复进行几次可将寄生在树干上的虫体敲落下来，夹在冰层中冻死。

樱桃园桑白蚧

学名 *Pseudaulacsapis pentagona*（Targioni-Tozzetti），近年已成为樱桃、大樱桃生产上的重要害虫，为害越来越重，尤其是结果园，常年发生，常年为害，虫口数量多，防治较困难，常造成枯芽、枯枝、树势下降或出现死树，对大樱桃生产影响极大。

为害特点 该虫以群聚固定为害吸食樱桃树汁液，大发生时枝干到处可见发红的若蚧群落，虫口数量难以计数。介壳形成后枝干上介壳重叠密布，一片灰白，凹凸不平，造成受害树树势严重下降，枝芽发育不良或枯死。

生活习性 桑白蚧在山东烟台1年发生2代，以受精雌成虫在枝干上过冬，翌年4月初大樱桃芽萌动时开始为害，虫体不断增大，4月下旬开始产卵，5月中旬开始孵化，5月中旬～5月

樱桃园桑白蚧介壳（吴增军）

下旬进入孵化高峰，后若虫爬出分散为害，先固定在枝条上为害1～2天，5～7天后分泌出棉絮状白色蜡粉，覆盖体表形成介壳。第2代产卵期7月中、下旬，8月上旬又进入孵化盛期，8月下旬～9月陆续羽化为成虫，秋末成虫越冬。

防治方法 在搞好冬春清园基础上，改变春季干枯期防治为5月中、下旬防治1次，用药改用9%高氯氟氰·噻乳油1500倍液或5%啶·高乳油1200～1500倍液、5%啶虫脒乳油2500倍液，防效高，药后3天即可上市。防治最佳时期应掌握在卵孵化盛期，上述杀虫剂光解速度快，用药后应间隔3天以上再采收。

绿盲蝽

学名 *Lygys Lucorum*经郑乐怡先生订正为*Lygocoris*属，分布在全国各地。

寄主 樱桃、李、桃、葡萄、杏、枣、黑莓、山楂、苹果等多种果树，近年成为多种果树重要害虫。

为害特点 成虫、若虫刺吸寄主汁液，受害初期叶面呈现黄白色斑点，渐扩大成片，成黑色枯死斑，并成大量破孔、皱缩不平的“破叶疯”。孔边有一圈黑纹，叶缘残缺破烂，叶卷缩畸形。严重时腋芽、生长点受害，造成腋芽丛生，甚至全叶早落。

形态特征 成虫：体长5mm，宽2.2mm，绿色，密被短毛。头部三角形，黄绿色，复眼黑色突出，无单眼，触角4节丝状，较短，约为体长2/3，第2节长等于3、4节之和，向端部颜色渐深，1节黄绿色，4节黑褐色。前胸背板深绿色，布许多小黑点，前缘宽。小盾片三角形微突，黄绿色，中央具1浅纵纹。前翅膜片半透明暗灰色，余绿色。足黄绿色，胫节末端、跗节色较深，后足腿节末端具褐色环斑，雌虫后足腿节较雄虫短，不超腹部末端，跗节3节，末端黑色。卵：长1mm，黄绿色，长口袋形，卵盖奶黄色，中央凹陷，两端突起，边缘

为害大樱桃树叶片症状

绿盲蝽成虫

无附属物。若虫：5龄，与成虫相似。初孵时绿色，复眼桃红色。2龄黄褐色，3龄出现翅芽，4龄翅芽超过第1腹节，2龄、3龄、4龄触角端和足端黑褐色，5龄后全体鲜绿色，密被黑细毛；触角淡黄色，端部色渐深。眼灰色。

生活习性 北方年生3～5代，运城4代，陕西泾阳、河南安阳5代，江西6～7代，以卵在茎秆、茬内、皮或断枝内及土中越冬。翌春3～4月，旬均温高于10℃或连续5日均温达11℃，相对湿度高于70%，卵开始孵化。成虫寿命长，产卵期30～40天，发生期不整齐。成虫飞行力强，喜食花蜜，羽化后六七天开始产卵。非越冬代卵多散产在嫩叶、茎、叶柄、叶脉、嫩蕾等组织内，外露黄色卵盖，卵期7～9天。以春、秋两季受害重。主要天敌有寄生蜂、草蛉、捕食性蜘蛛等。

防治方法 （1）冬前或早春3月上中旬清理果园和园中杂草，抹除寄主上的越冬卵。（2）树上药剂防治。于3月下旬至4月上旬越冬卵孵化期、4月中下旬若虫盛发期及5月上中旬谢花后3个关键期喷洒4%阿维·啶虫乳油3500倍液或5%啶·高乳油1200倍液、5%啶虫脒乳油3000倍液、30%茚虫威水分散粒剂1500倍液。

樱桃园星天牛和光肩星天牛

学名 星天牛 *Anoplophora chinensis*（Forster），光肩星天牛 *A.glabripennis*（Motschulsky）。

寄主 樱桃、李、梅、苹果、梨、杨、柳、榆、法桐等。

为害特点 以幼虫蛀害树枝、干，并向根部蛀害，多在木质部蛀害，受害严重的树干、枝条易折断或全株死亡。

形态特征 星天牛：体长19～39mm，宽6～13.5mm，全体黑色，略具光泽，鞘翅上有20多块白色斑，大小不一，呈

5横列，但不规则，翅鞘肩部有颗粒状突起。前胸背板瘤3个。光肩星天牛：体长17～39mm，宽10mm，黑色有光泽，与星天牛相近，区别是翅鞘肩部光滑，没有颗粒状突起，鞘翅上白斑少，排列也不整齐，前胸背板中瘤不明显。

生活习性 星天牛南方发生多，每年1代，北方1～2年1代，成虫5月开始发生，6～7月多，发生期不整齐，寿命30天，6～8月把卵产在树干基部，成虫咬出伤口产卵其内，幼虫孵化后先在皮层蛀食，2～3个月后幼虫30mm长时深达木质部蛀害，一边向根部蛀，一边向外蛀通气排粪孔。光肩星天牛，浙江年生1代，河南2年1代，北京2～3年1代，以幼虫

樱桃园星天牛成虫

樱桃园光肩星天牛成虫

在虫道内越冬，成虫6～10月均可发生，7～8月进入盛发期，白天活动，成虫寿命20～60天，多产卵在大树主干上，每处产1粒，幼虫孵出后先蛀害皮层，后向上蛀木质部。

防治方法 （1）人工捕杀成虫。（2）毒杀幼虫。找到卵槽涂以500倍辛硫磷。（3）熏杀老幼虫。找到排粪孔用铁丝钩出虫粪、木屑，塞入半片磷化铝，再用塑料布包住，也可用黄泥封口，把孔中幼虫熏死。（4）用5%吡·高氯微囊水悬浮剂加水稀释成1500～2000倍液喷雾到果树枝干上，当天牛成虫爬行时触破微胶囊就会中毒死亡。（5）防治时可用棉花球蘸少量20%吡虫啉或10%啶虫脒制成毒棉塞入倒数第一或第二排粪孔内，并用湿泥把全部粪孔封死。

桑天牛

学名 *Apriona germani* Hope，又名粒肩天牛。

寄主 除为害苹果、梨、桑外，还为害樱桃、桃、柑橘。

为害特点 全国均有分布，中部和西南果区发生较多，以幼虫从上向下钻蛀中型或大枝条的木质部，有多个排粪孔，从最下排粪孔排出粪和木屑，受害重的易感染腐烂病。

桑天牛成虫（何振昌等原图）

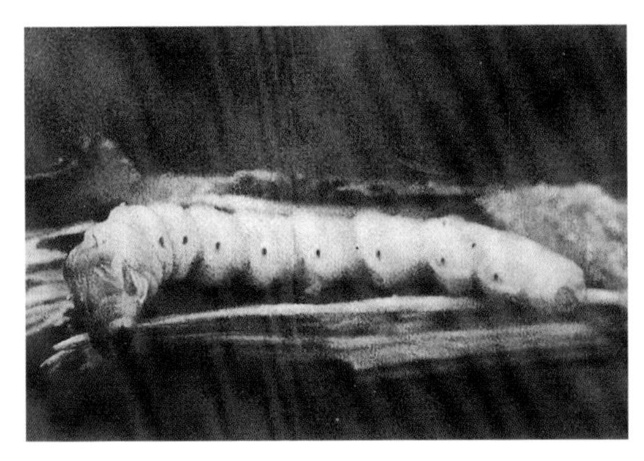

桑天牛幼虫

生活习性 该虫在北方2～3年完成1代，以幼虫在枝干内越冬，于6～7月在蛀道内化蛹，蛹期15～25天。成虫羽化后需要补充营养，10～15天后把卵产在2～4年生枝内，卵期10～15天，幼虫孵化后钻入枝内。

防治方法 （1）成虫在枝条上补充营养时可人工捕杀，也可在3～4年生枝阳面产卵槽上刺杀卵粒，可减少受害。（2）从萌芽期开始，枝条上有新鲜虫粪时，插入毒签，再把上部老排粪孔用泥堵住，也可用80%敌敌畏乳油30倍液，用注射器注入新虫孔5ml，再用湿泥堵住排粪孔熏死幼虫。（3）提倡使用天牛钩杀器钩杀桑天牛等幼虫。（4）药剂触杀成虫。可选用5%吡·高氯微胶囊水悬浮剂配成1800倍液，喷洒在树干或主枝上，当桑天牛成虫爬行或取食时，只要触破微胶囊，桑天牛就会中毒死亡。

桃红颈天牛

学名 *Aromia bungii* Faldermann鞘翅目天牛科。分布在河北、河南、山西、陕西、甘肃、四川等省。

寄主 樱桃、桃、李、杏等核果类果树受害重。

桃红颈天牛幼虫蛀害樱桃树，造成死树

桃红颈天牛成虫

为害特点 以幼虫蛀入果树皮层和木质部为害，向下蛀成弯曲的虫道，并向外蛀排粪孔，排出粪便及木屑堆积在地面或枝干上，严重影响树势。近年该天牛为害果树十分严重。

形态特征 成虫体长28～37mm，宽8～10mm，体黑色，有光泽。前胸背板棕红色，前后缘黑蓝色，触角和足黑蓝色，触角基瘤隆突很明显，雄成虫触角比身体长，雌虫则与体长相等。前胸背板上生4个光滑瘤突。

生活习性 2～3年发生1代，以幼虫在蛆道里越冬，春季树液流动后越冬幼虫开始活动为害，4～6月份老熟幼虫分泌黏性物质黏结粪便、木屑在木质部蛀道中化蛹，蛹期20～30天，6～7月成虫出现。

防治方法 （1）在6～7月份成虫发生期捕杀成虫。在幼虫发生期，经常检查枝干，发现排粪孔后用铁丝钩刺幼虫。及时清除被害死枝和死树，集中烧毁。成虫产卵前，在主干和主枝上涂刷石灰硫黄混合剂，防止成虫产卵。硫黄、生石灰和水的比例为1∶10∶40，混合剂中加入适量的触杀性杀虫剂，效果更佳。（2）药剂防治。虫道注药：发现枝干上有排粪孔后，将孔口处的粪便、木屑清除干净，塞入56%磷化铝片剂1/4片，用黄泥将所有排粪孔口封闭，熏蒸杀虫效果好。用注射器由排粪口注入80%敌敌畏乳油10～20倍液，封闭孔口，效果也很好。

茶翅蝽

学名 *Halyomorpha halys* (Stal)半翅目蝽科。分布东北、西北、华北、华中、华东、四川。

寄主 樱桃、桃、杏、苹果、梨、柑橘等多种果树。

为害特点 刺吸植物汁液。

形态特征 成虫体长约15mm，近椭圆形，扁平，灰褐带紫红色，触角5节，第2节短于第3节，第4节两端和第5节基部黄色；前胸背板前缘横列有黄褐色小点4个，小盾片基部有横列小点5个，腹部两侧黑白相间。若虫老龄体似成虫，翅未形成，前胸背板两侧有刺突。腹部各节背面有黑斑。

生活习性 北京、辽宁、河北、山东、山西年生1代，以成虫在屋檐下、窗缝、草丛等处越冬。翌年5月上旬成虫开始活动。卵产在叶背成块状，每卵块含卵20粒，6月初若虫孵化，为害樱桃叶果，7月下旬成虫羽化，9月开始越冬。

防治方法 （1）春季越冬成虫出蛰时及9月、10月成虫越冬时，在屋檐下、向阳背风处搜集成虫，成虫产卵期收集卵

茶翅蝽卵及幼虫

茶翅蝽若虫

茶翅蝽成虫

块和初孵若虫，集中销毁。（2）越冬成虫出蛰期和低龄若虫期喷洒20%氰戊菊酯乳油2000倍液或2.5%三氟氯氰菊酯（功夫）乳油2000倍液、2.5%溴氰菊酯乳油2000倍液。

樱桃、大樱桃园鸟害

近年来樱桃种植面积不断增加，鸟类生存空间得到扩大，造成樱桃园鸟类猖獗，为害樱桃果实越来越严重，直接影响樱桃的产量和品质。每年因鸟类为害樱桃造成损失达20%以上。

症状 樱桃成熟期较早，一般每年5月中下旬就陆续成熟，一直持续到6月末，鸟类喜取食樱桃、桑葚等，造成危害十分严重。为害樱桃后造成产量、品质下降，还会引起病害发生。华北樱桃从5月中下旬开始陆续成熟，为害持续时间比较长。

病因 为害樱桃的鸟类有喜鹊、灰喜鹊、白头鹎、八哥、灰掠鸟、麻雀等。

小鸟正在取食

樱桃鸟害受害症状

防治方法 （1）采用物理方法，利用声音、视觉驱鸟。①声音驱鸟法。先把枪鸣声、鞭炮声、害鸟天敌鸣叫声或鸟类求救声录下来，在樱桃果实着色期把录音在樱桃园间歇性播放，有一定效果。现在采用智能语音驱鸟器效果更好。②采用视觉驱鸟法。在樱桃园树上悬挂彩色闪光条，随风飘动可反射太阳光，有一定驱鸟作用。③设施保护网。在鸟类为害樱桃前，用纱网、丝网等保护网把樱桃树覆盖住，待樱桃采收后去掉，有效。（2）向樱桃树喷撒鸟类不喜欢啄食的化学物质——氨茴酸甲酯等驱鸟剂，逼着鸟类到别处取食，可在樱桃果实近成熟时开始喷药或撒药，共施药2～3次，效果好。

附录

1.猕猴桃精品果的生产

近年猕猴桃发展势头看好！种植面积迅速扩大，667m^{2}收入8000元左右，随着猕猴桃栽植面积的增加，猕猴桃病虫害也日益严重，成为影响猕猴桃产业发展重要原因之一。现将生产精品猕猴桃技术措施简介如下：

先定产量指标，严格疏蕾定果，以疏花蕾为主疏果为辅。猕猴桃开花之前要严格疏蕾，先疏除所有侧蕾，注意先疏除畸形果、病虫果、太小的果，节省养分，进入开花期放蜂或进行人工授粉。落花后15天开始至套袋前共疏果2～3次。一般长果枝上留4～6个果，中果枝留2～3个，短果枝只留1个。行株距4m×3m的盛果期，单株留果量为400个。

科学夏剪：开花前树冠外围结果枝在花蕾上留3～4个叶，进行重摘心，树冠内膛预留的下年结果母枝（行株距4m×3m选留24个左右）不摘心，长度长到1.3～1.5m，功能叶片15～18片时再轻摘心，所有二次枝、三次枝留3～4片叶反复摘心，确保通风透光。

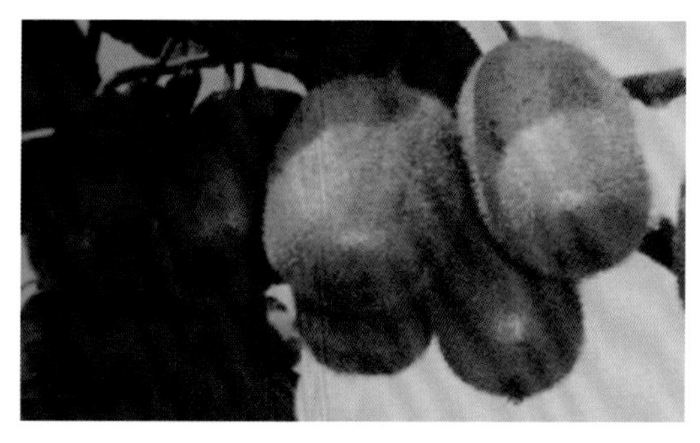

猕猴桃精品果

加强肥水管理：进入盛果期萌芽后株施速效氮肥0.75kg，加油渣1kg，开花后株施沼渣肥10kg，6月初果实膨大期株施三元复合肥1kg，配合中微量元素肥料0.5kg，施肥位置距主干80～100cm，深15～20cm，施后覆土，每次施肥后浇1次水。

根外追肥：开花前定果后各喷1次碧护15000倍液，幼果膨大期喷1次金满田或钙佳美叶面肥1000倍液；套袋后隔10天喷洒1∶1的沼液或氨基酸叶面肥500倍液，共喷3次。

进行套袋：所有精品果要全部套袋。套袋时间从盛花后1月开始，在陕西省眉县，红阳为6月中下旬，金香、华优、徐香7月上中旬，海沃德7月中下旬。套袋前严格定果，并喷一次高效杀虫杀菌剂和钙肥。

进行病虫害防治：生产上根部病害已成为影响猕猴桃正常生长发育的重要病害，猕猴桃根部病害有生理性的烂根病，也有病理性的根腐病，人为根部损伤造成烂根如肥害伤根，有些果农从奶牛场、鸡场购买生牛粪、生鸡粪给猕猴桃追肥，夏季高温季节使用生人粪尿直接给猕猴桃冲施，这些农家有机肥及生人粪尿中含有高浓度尿酸，最易烧伤猕猴桃根系。追施速效化肥，若施量过大或距根太近就会出现烧根。若是栽植过深造成猕猴桃根系长期处在密不透气的情况下，根系生长环境恶化，发根少，根系无法扩展，就会出现根系由外向内腐烂的现象。生产上缺氧沤根时有发生，猕猴桃园灌水次数过多，土壤严重板结或浇水后又遇上连阴天，造成土壤含水量过高，透气性差，导致根系长期缺氧、腐烂，轻者造成叶片萎蔫脱落，严重时出现猕猴桃树沤根。病理性根部病害造成根颈部和根系腐烂都是毁灭性的，严重的整株或整片死亡。

防治方法 （1）合理施肥，追施速效性化肥时应适量，施肥位置适当，防止集中窝施造成伤根。（2）采用科学的嫁接修剪技术逐步实现高接换头，逐步实施架面枝蔓硬枝枝腹芽接技术，不断培养嫁接品种结果枝生长数量，以扩大生长空间，根系不会受损。（3）杜绝采果后带叶修剪。冬至前10天或后10天，是猕猴桃修剪最佳时间。（4）防止栽植过深，幼树栽植以根颈部与地表平为宜。（5）合理浇水，夏季高温季节要合理浇水。后期果实成熟时适当控水。用保墒措施减少灌水次数，保护根系。（6）避免结果过多，协调好生长与结果关系，控制产量适度，确保抗病性。（7）恢复根系生长的主要措施：①清除病原菌。用5%菌毒清水剂100倍加碧护5000倍液泡根30min，灭菌保发新根；②促进生根。对伤根、烂根、根腐引发的黄化病进行根部灌药：用碧护1g加速效生根复活1号25ml再加富利尔螯合态铁肥5ml，对水15kg，给受伤根部灌根，尽快长出新根。（8）防止产生采前落果。（9）适时采收。在陕西眉县，猕猴桃可溶性固形物含量在6.50%以上时才可采收。严禁早采。最佳采收期：红阳9月中旬，金香、华优10月上旬，徐香、秦美10月中下旬，海沃德11月上旬果实才成熟。

2.樱桃、大樱桃精品果的生产

大樱桃个头的大小、果实光泽度是衡量大樱桃果实品质的重要指标，精品果上市早、色泽艳丽，果实周正。

樱桃精品果的生产

近几年露地大樱桃价格一直看好，效益可观，随着端午节将至，红红的樱桃已在京城悄然上市，樱桃在我国已有三千多年的栽培历史。别名有牛桃、李桃、莺桃、荆桃、楔桃、樱桃、樱珠、含桃、车厘子、“端阳珍果”等。然而樱桃采收早，露天樱桃多在6月份上市。樱桃采果后还有四个多月才见开始落叶，此期正是树体进行营养积累、花芽分化的关键时期，决定着下年樱桃的产量，要想生产出精品果，首先要为第二年打好基础是十分重要的。（1）采果后40天内施入优质基肥，尽快改变等到秋后再施肥的老习惯，专家刘世杰、吴荣美指出：樱桃树与其他果树有所不同，樱桃花芽分化较早，为了生产精品果，为了促进花芽分化，能够保证树体营养供应，最好在樱桃采摘结束后进行叶面追肥，并在采果后40天施入优质基肥，应以有机肥为主，施肥量据树龄、树冠大小、产量高低及树势而定，一般每株使用60～80kg有机肥为宜，提倡施用美国KOMU复合肥效果突出。为了促进花芽分化还要增加磷钾肥及微量元素。（2）合理控旺，促进花芽分化。在大樱桃栽培管理中，树势的调控是个较难掌握的技术环节。树势过旺难坐果，甚至连续多年，形成恶性循环；控旺过重则树势太弱，虽然能坐住一部分果，但所结的果实商品性不高，甚至会造成死树。采果后，枝叶的光合产物没有了果实生长发育的消耗，主要

提倡施用美国KOMU有机肥和悬浮液体肥

供应新的枝叶生长，很容易出现旺长。建议结合采果后施基肥，深翻土壤进行部分断根处理，以减弱根系生长优势，提高地上部营养积累，使较多的营养用于花芽分化。除了断根控旺外，还应在采果后及时叶面喷施300倍的多效唑。多效唑的施用要因树而定，旺树用，弱树不用，不能千篇一律。对于同一棵树，枝梢旺的部位可以多喷，弱的部位少喷或不喷。需要注意的是，多效唑效果显现比较慢，施用后约20天后才能看出效果，在这期间切忌连续多次喷施，以免过度抑制树势。（3）注意拉枝，防止植株抱头生长。目前，很多地区露天栽培的大樱桃普遍存在一个问题，就是内膛空虚，结果部位外移，以致产量很难提上去。对此，建议在种植樱桃时，一定要注意进行拉枝，防止植株抱头生长。6月份樱桃采摘结束后即可进行夏季拉枝，主枝与主干的角度控制在80°～90°为宜。拉枝时先在地上设置木橛，然后将拉绳一端固定在抱头生长的骨干枝上，在不给枝干造成损伤的情况下尽量向下拉，尽可能地让主枝与主干呈90°角。这样既能改善冠内通风透光条件，又能提高萌芽率，增加短枝数量，还可起到缓和、平衡树势的作用。（4）加强病虫害防治。樱桃采果后是多种病虫害的混发期，主要有叶斑病、穿孔病等，应在病害发生初期及时喷洒77%可杀得可湿性粉剂800倍液，连续2～3次。对于虫害，可根据发生种类和程度，选用吡虫啉、灭幼脲、阿维菌素、高效氯氰菊酯等进行防治。樱桃采收后即进入雨季，樱桃树怕涝，雨量大时应及时开沟排水，以防沤根。（5）采用强制休眠。落叶果树进入秋冬季节必须进入休眠，也是樱桃年生长周期中的一个发育阶段，在自然条件下，樱桃树必须经过一定的低温，才能完成树体内部物质转化，解除芽的休眠。设施栽培樱桃冬季低温需冷量没有得到满足，大棚内温度即使升温了，樱桃也能发芽生长，但发芽率低，从升温到开花所需的天数多，发芽和开花不整齐，坐果率低，甚至出现大幅度减产的现象。果树专家刘世杰介绍：大棚樱桃的休眠时间是在温度低于7.2℃时就会进入自然休眠阶段，休眠时间一般要达到860～1440h，休眠时间不足会影响开花和坐果，生产上温度偏高地区通过遮阴帮助樱桃休眠，大约50天，生产上一般在12月底或1月上旬便可升温，进入正常的保护地生产管理。强制休眠前后，必须采取一系列措施进行管理，一环扣一环，环环紧扣。当进入深秋平均气温低于10℃，最好是7～8℃时，即可强制樱桃提前休眠，具体做法：早晨日出前，一天中最冷的时候加盖草帘。傍晚卷起草帘，打开通风口，让夜间冷空气进入棚内。次日日出前，关闭通风口，盖好草帘，使棚内尽量保持低温，最好保持在0～7℃之间，循环往复。随着气温下降，当棚内气温昼夜均低于7℃时，可于白天也揭开草帘，拉大通风口，增加见光。樱桃树品种经过30～50天，即可顺利通过休眠。（6）樱桃树的芽别于桃、李、杏，具有早熟性，当年新梢能发二次枝、三次枝，修剪时能利用芽的早熟性对强枝、旺枝进行多次摘心，增加枝量，扩大树冠，加快整形过程，樱桃树修剪应以夏剪为主，严格分清骨干枝、临时性辅养枝和结果枝。樱桃、大樱桃树修剪依时期不同分为生长期修剪和休眠期修剪。①生长期修剪是指从发芽后到落叶前修剪，主要以夏季修剪为主，改善树冠内通风透光条件，促养分分配合理，促进成花、结果。生长期修剪可采取除萌、摘心、剪梢、疏枝、刻芽、环剥、拉枝等方法。a.除萌是指从春季至初夏把无用的萌芽去掉，为了节省养分，防止枝条密生郁闭，改善光照条件，注意去掉疏枝后产生的隐芽枝、徒长枝、过密的萌枝。b.摘心。大樱桃新梢尚未硬化前，去除新梢先端的幼嫩部分，可控制枝条旺长、促树体结构紧凑、增加分枝级次和枝量，加速扩大树冠，对一年生枝可增加花芽数量。c.剪梢是剪去新梢一部分。修剪程度大于摘心。d.疏枝。夏季疏枝效果好于冬季。一般在采果后进行，疏除过密、过强、严重影响光照的多年生枝，均衡树势。e.刻芽是指大樱桃萌芽前或萌芽初期，在一年生枝腋芽的上方或多年生枝的单芽上方0.5cm处用刀横向切割2刀，取下1块月牙形组织，厚1mm；也可用小锯条在芽的上方横向拉一下，深达木质部，可阻止营养物质向上运输而集中于单牙枝上，刺激芽的萌发和抽枝，刻芽可明显提高大樱桃成枝率和成花率，成为大樱桃早期丰产关键因素。f.环剥可促进花芽形成，提高花朵坐果率和果实品质，对果肉硬度和糖度提高尤为明显。生产上大樱桃环剥后伤口愈合较慢，易发生流胶，要注意防止。g.扭梢。于5月下旬至6月上旬大樱桃新梢尚未木质化时进行扭梢，把直立枝、竞争枝、内向的临时枝条在距枝条基部5cm处轻轻扭曲180°，有利于形成花芽。h.拿枝。进入7月中下旬对大樱桃中上部1年生枝连续2～3次进行拿枝软化、开张角度，可削弱顶端优势，使生长势减弱，有利于形成花芽。以上措施做好了，有利于生产大樱桃的精品果。②休眠期修剪，略。（7）进入开花结果期的大樱桃要加强棚室温度管理棚室温度的调控是大棚樱桃成功栽培的关键所在。只有温度适宜，才能保证开花时间和充分受精，提高产量。生产上如果花器在–2℃低温下持续2h，50%的雌蕊将会冻死，持续4h，雌蕊会全部冻死造成绝产。而且，温度管理开始时温度不能升得过快过高。如果升温过快，温度过高，会造成樱桃树萌芽快，开花快，常出现先芽后花的倒序现象，也叫棚温逆转现象，使叶芽优先争夺储藏的养分，导致坐果率降低，严重影响幼果的发育和膨大，造成幼果早期脱落。升温主要分以下三步进行。第一步，温棚：即提温的前两天温度提到20～30℃。第二步，白天拉起1/2的草苫，使棚温在13～15℃，夜间在6～8℃，这样维持2～3天。然后逐渐升温约3～5天，棚温提至白天16℃～18℃，夜间7℃～10℃，持续2～3天。第三步，白天拉起全部草苫，温度过高时，打开顶部放风口通风降温，使棚温白天保持在20～23℃，夜间保持在7～10℃。（8）调节棚内湿度变化。棚室内升温后，要保持大棚内空气相对湿度保持在60%～75%，这样有利于其萌芽。若湿度过大，可以通过通风换气、控制浇水或覆盖地膜来调节；湿度过小，可在地面和树体上洒水、喷雾或浇水来增加湿度。方法是，当暖棚内温度升高后，浇一次透水，相当于露地栽培的解冻水，当水完全下渗后，在株行间全部覆盖地膜，注意接缝处用土压实，主要是为了减少地面水分大量蒸发，降低空气湿度，提高土壤温度，促进根系对养分的吸收和利用。一般情况下，土壤湿度应控制在田间持水量的60%左右为宜，过高过低都不利于樱桃树的生长和发育。在干旱的情况下，果实上色初期灌一次小水，既可增加果个，又可促进着色，提高果实品质，产出精品果。冬季日照时数短，在光照不足地区应注意适量增加光照。光源可采用日光灯为主，白炽灯为辅的补光措施。棚内利用反光幕增加光照强度，在靠近后墙处拉一道铁丝，把反光幕一端搭在铁丝上，折过去的部分用不干胶粘连好，另一端垂于地面即可。反光幕的长度与棚室等长。加强樱桃树生长季节修剪，及时去除直立无用的背上枝、徒长枝、内膛拥挤枝、冗长枝等，使其通风透光。同时，保持棚膜清洁透明，及时擦洗污泥露珠，间隔一定时间用高压喷雾器冲洗一次棚膜。（9）疏花疏果，减少畸形果。生产上并生果特别多，一根枝上就能找到好几个并生果。2014年大樱桃开花参差不齐、败育花、畸形花很多，以致产生了很多畸形果。原因是低温休眠不足，扣棚过早所致。樱桃休眠的低温需求量一般为低于7.2℃的温度1100～1440h，山东地区大棚樱桃一般在元旦前后扣棚升温，然而2013年冬季气温偏高，如果再按照以前的时间扣棚升温，势必导致樱桃树需冷量不足，花少质量差。针对2014年的情况，需要及时疏花疏果，减少营养消耗，促进坐住的果快速膨大。疏花是花前的一项重要工作，樱桃花量非常大，疏花时不宜一个花一个花摘除，因为这样会给植株造成大量伤口，疏花时应直接剪掉整个花序，这样有利于集中营养，提高果实品质。疏果宜在大樱桃生理落果结束后进行，及时疏除病果、小果、发育不良果和过密果，做到合理负载。（10）及时浇水追肥，改善树体营养。谢花后樱桃上市前还需浇两水，一水在谢花后浇，一水在上色前浇，上色后严禁浇水，否则易导致樱桃裂果。浇水时应搭配冲施高钾型肥料，这样樱桃膨果快，上色好。除了随水冲肥外，还可叶面补肥。在樱桃盛花期可叶面喷施4×10^{-5}赤霉素+300倍白糖水+1000倍甲壳素+3000倍速乐硼，激活细胞活力，促进花粉管发育，促进坐果。落花后叶面喷洒红糖溶液，可改善幼果发育期的营养水平，促进幼果和叶片发育，减少生理落果现象发生。也可在幼果期和果实膨大期喷施0.3%～0.5%尿素+0.3%磷酸二氢钾溶液，共2～3次，可防落果、裂果、畸形果等，使果实着色靓丽、果型美、品位佳。大棚樱桃在采果前常常发生裂果现象，这与树体缺钙密切相关，可在果实采收前，每隔7天连续喷洒100倍液的氯化钙+800倍液的新高脂膜，可有效预防樱桃裂果，还可提高果实品质，增加果实耐储性。留果之后，还要注意促进果实的着色。在大棚中，由于春季光照相对较弱，果实着色及内在品质相对较差，可以在大棚地下铺设反光膜，促进果实的见光着色。（11）多措并举防灰霉，及时防治病虫害。①防治灰霉病用木棍拍打樱桃花絮，可加速花瓣、花萼的脱落。谢花后马上浇水追肥，一旦浇水，棚内湿度增大，灰霉病随时都有发生的可能，由于樱桃花量大，一旦发病很难防治，因此应提前促使花瓣、花萼脱落，减少发病概率。什么时候拍打花絮最合适呢？“等到花开败时即可拍打花絮，拍打过早，虽然花瓣能够脱落但是花萼掉不下来，依然感染灰霉病。除了用木棍拍打花絮外，还可采用晃树、摇枝的方法，将植株上残留的部分花瓣除去，也可使用吹风机，效果也不错。”②扣棚前全面彻底清扫果园，扣棚后将病枝、残枝修剪掉，移至棚外，立即喷1遍3～5度石硫合剂，以铲除多种越冬虫卵和病菌。上述11项做好了，就可生产出樱桃精品果。

3.大棚樱桃如何抢早上市

近几年，大棚果树效益突出，大棚樱桃最高甚至能达到200元每公斤。而且，相比起大棚蔬菜来，大棚果树的管理费工更少，对棚室保温条件的要求更低，投入的成本更低，因此，近年来很多人改种起了大棚果树，尤其是一些种植蔬菜效益不高的老棚，发展大棚果树优势极为明显。

纵观现有的大棚果树栽植树种，相对被追捧的当数大樱桃，其原因主要有以下几点：一是大樱桃果实营养丰富，含有人体生命所必需的多种营养元素；二是果实生育期短，开花坐果后45天左右即可着色上市，号称“春果第一枝”，能卖出高价；三是管理大樱桃省工省力、相对轻松。但大樱桃童龄期较长，按照通常栽培管理，从栽植到初始结果至少4～5年，进入丰产期起码需要7年时间。山东寿光市田柳镇、上口镇等地发现，近两年大棚樱桃发展面积很大，不少菜农都买来苗子栽上了。如何确保大棚樱桃既能提前进入结果期，又能连年稳产、提前成熟上市获取高效呢？就此，果树专家刘世杰、吴荣美对大棚樱桃及如何抢先上市重点介绍如下。

（1）先“假植”后进棚。樱桃树生育期较长，多数樱桃品种5

年开始结果，6 ～ 7年后才能逐渐进入丰产期。如果早早就将樱桃树苗栽植于棚中，又因前几年，只是投入，没有收益，势必影响果农积极性。对此，可先在棚外将树苗进行“假植”3 ～ 4年，待树体基本成形并有大量中、短枝时，再将该树移入设施中。经这样处理的树，植株整齐，树势稳定，栽后第二年即可大量结果。采用拱棚种植的，可以先在露天栽培樱桃树，树下套种小麦或菠菜等，待长到4 ～ 5年，樱桃大量结果时再建好拱棚，进行生产。保护地栽培时，棚内空间有限，为了提高空间利用率，前期定植密度可以高一些，以后随着树体生长，再逐渐间隔移除多余的树体，降低种植密度。为了提高樱桃树苗的成活率，在栽植前，可用1000倍的“天达-2116”（状苗专用型）+4000倍恶霉灵药液浸泡25 ～ 30min，杀灭苗木携带的病菌，刺激树苗快速生新根，促苗健壮，提高移栽成活率。栽植樱桃时应浅开沟、起高畦定植，并注意伸展根系，埋土深度达根茎即可。这样在多雨的夏秋季节，可以防止水涝灾害危及植株。（2）合理搭配授粉树，提高坐果率。在原有樱桃树上嫁接其他品种的授粉枝，是保证樱桃正常授粉的好办法。其中，劈接和芽接是最常用的两种嫁接方法。目前，适合我国北方地区棚栽樱桃品种主要有宾库、拉宾斯、红灯、那翁、先锋、早大果、抉择、极佳等，这些品种可以相互授粉，也可以作为主要生产品种。由于大多数品种为自花不实或结实率很低，在生产上需要配置一定比例的授粉树，才能实现年年稳产丰产。在配置授粉树时要注意：①要考虑栽培品种间的授粉亲和力、花期

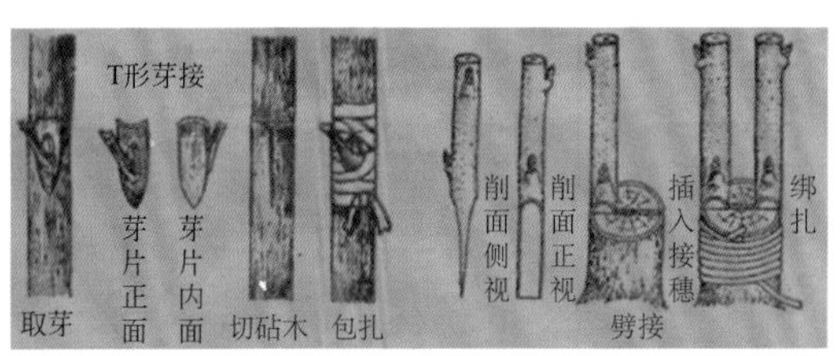

嫁接方法

是否相遇、授粉树的丰产性和商品性等性状，如红灯、先锋品种可用拉宾斯、宾库等品种做授粉树，早大果可用红灯、先锋等品种做授粉树。②要考虑授粉树配置数量。大棚种植樱桃品种单一的，坐果肯定不好。一般来说，一个樱桃棚内种植不少于5个品种为好。主栽品种应占60% ～ 70%，授粉树数量最低不能小于30%，最好有3 ～ 4个授粉品种。③要注意授粉树的配置方式。主栽品种和授粉品种隔行栽植为宜。可隔1 ～ 2行主栽品种，栽植1行多个品种授粉树，或在行内每隔1 ～ 2株主栽品种栽植1株授粉树。如授粉品种不足，可到其他大棚剪取授粉花枝，插入盛水的器具中，放入自己棚内作为临时授粉品种。这种花枝的数量可多可少，依据自己棚内情况而定。也可在主栽樱桃树上嫁接几个其他品种的枝条，授粉效果更好，还可尽量增加优质果产量。④除了配置授粉树外，还应采取蜜蜂辅助授粉，提高坐果率。在温室大棚这个相对封闭的环境中，没有自然风，树体之间不可能通过风媒传粉，只能借助蜜蜂花期采蜜的行为活动，完成雄雌花授粉的过程，这样不仅节省了人力，还提高了工作效率，有利于提高果实品质。在利用蜜蜂授粉时，为了保证授粉效果，还应特别注意三点：一是在蜜蜂进棚前一周，不宜喷洒任何农药，否则会影响蜜蜂的正常活动，蜜蜂不能正常采蜜，影响授粉。二是必须保证合适的温度。蜂群授粉对温度的要求比较严格，温度适宜蜂群活动，出勤率高，授粉、传粉作用效果好。我们通常用的蜂群在15 ～ 25℃左右比较好。低于8℃蜜蜂不出巢，高于28℃花粉生命力大打折扣，坐果率严重降低。三是把握好蜜蜂的进棚时间。蜜蜂进棚过早，提早活动，尤其是有幼蜂需要喂养时，蜜蜂会扒开未开放的花朵，造成花柱受伤，严重影响后期的坐果率；进棚过晚，蜜蜂活性差，出勤率低，有可能会错过盛花期，也会影响授粉效果。一般来说，以开花前3 ～ 4天进棚，适应棚内的温湿度，但应隔离树体与蜂箱，避免花朵未开前受到破坏。此外还应在初盛花期喷40×10^{-6}赤霉素+800倍白糖水+3000倍“速乐硼”，促进坐果。（3）培植适合设施中栽培的树形。要想取得樱桃的优质高产，首先要注意培育好树形。樱桃的芽和其他核果类果树如桃、杏、李等一样，具有早熟性。当年新梢可发二次枝、三次枝。整形修剪中可利用芽的早熟性对强旺枝多次摘心，增加枝量，扩大树冠，加快整形过程。樱桃树的修剪应以夏剪为主，严格分清骨干枝、临时性辅养枝和结果枝。樱桃树的丰产树体结构应通过拉枝、修剪具备低干矮冠，骨干枝级次少，结果枝组多，主枝角度大、光照充足等特点。在大棚栽培中应采用自由纺锤形，疏除外围枝，促发中、短枝。为了促进幼树早成花、早结果，整形的同时，还要注重结果枝组的培养。对骨干枝上通过刻芽和自然生长的枝条，及时摘心，控制旺长，促发分枝，根据空间大小，培养适宜的结果枝组。结果枝组要集中布局在骨干枝的两侧，以中小型为主，同侧间距20～30cm为宜。背上枝条一般不留。6月中下旬前后，对幼旺树开始喷洒300倍多效唑加250倍尿素稀释液，目的是抑制营养生长；进入7月份，改喷200～250倍多效唑加350倍磷酸二氢钾，促进花芽分化。需要提醒的是多效唑的施用要因树而异，旺树用，弱树不用。具体喷洒时喷头要对准外围旺长的新梢。（4）提前预冷促进果树休眠。物以稀为贵，为了促进樱桃早上市、卖高价，果农可采取提前预冷的方法，使樱桃植株提前通过低温休眠阶段，提前扣棚，达到提前上市的目的。樱桃休眠具体做法见“樱桃、大樱桃精品果的生产”。（5）樱桃采摘后及时翻地施肥。俗话说“樱桃好吃树难栽”，很大一部分原因是果农们对樱桃树的需肥习性不了解，以致很难实现樱桃的丰产。樱桃树与其他果树有所不同，它的花芽分化时间较早，一般在樱桃果实采摘结束后，树体即进入花芽分化期。现在很多果农在管理樱桃树时，为了促进植株开花结果，习惯在植株进入开花结果期后冲肥增加树体营养，力求实现果实高产。其实，这种方法并不能显著促进当年果实产量的提高，因为樱桃树开花坐果后，果实发育期较短，一般仅有45～50天，坐果、膨果时所消耗的营养主要来自于上一年树体的营养积累。所以，为了促进下一年樱桃产量的提高，促进植株花芽分化，保证树体营养供应，一定要在樱桃采摘结束后不间断地进行叶面追肥，并在40天内及时施入优质基肥，增加树体营养，绝不能等到秋天再施肥。在施用基肥时，应以有机肥（圈肥）为主，施肥量可根据树龄大小、产

大樱桃抢早上市

量高低及树势而定，一般每667m^2使用有机肥（圈肥）不低于3000kg，并混入50kg氮磷钾复合肥。为了促进植株的花芽分化，果农还要注意增加磷钾肥及微量元素的使用。在升温前结合浇水，每667m^2追施磷钾肥80kg，可明显促进果实膨大，提高果实品质，做到抢早成功。

4.农药配制及使用基础知识

一、农药基础知识

（一）常用计量单位的折算

1.面积

1公顷＝15亩≈10000m^2。

1平方公里＝100公顷＝1500亩≈1000000m^2。

1亩＝666.7m^2＝6000平方市尺＝60平方丈。

2.重量

1t（吨）＝1000kg（公斤）＝2000市斤。

1kg（公斤）＝2市斤＝1000g。

1市斤＝500g。

1市两＝50g。

1g=1000mg。

3.容量

1L＝1000mL（cc）。

1L水＝2市斤水＝1000mg（cc）水。

（二）配制农药常用计算方法

1.药剂用药量计算法

（1）稀释倍数在100倍以上的计算公式：

$$药剂用药量=\frac{稀释剂（水）用量}{稀释倍数}$$

[例]需要配73%克螨特乳油2000倍稀释液50L，求用药量。

$$克螨特乳油用药量=\frac{50}{2000}=0.025L（kg）=25mL（g）$$

[例]需要配制50%多菌灵可湿性粉剂800倍稀释液50L，求用药量。

$$克螨特乳油用药量=\frac{50}{800}=0.0625kg=62.5g$$

（2）稀释倍数在100倍以下时的计算公式：

$$克螨特乳油用药量=\frac{稀释剂（水）用量}{稀释倍数-1}$$

2.药剂用药量“快速换算法”

[例1]某农药使用浓度为2000倍液，使用的喷雾机容量为5kg，配制1桶药液需加入农药量为多少？

先在农药加水稀释倍数栏中查到2000倍，再在配制药液量目标值的附表1列中查5kg的对应列，两栏交叉点2.5g或mL，即为所需加入的农药量。

[例2]某农药使用浓度为3000倍液，使用的喷雾机容量为7.5kg，配制1桶药液需加入农药量为多少？

先在农药稀释倍数栏中查到3000倍，再在配制药液量目标值的表列中查5kg、2kg、1kg的对应列，两栏交叉点分别为1.7、0.68、0.34（1kg表值为0.34，0.5kg为0.17），累计得2.55g或2.55mL，为所需加入的农药量，其他的算法也可依此类推。

附表1　配制不同浓度药液所需农药的快速换算表

加水稀释倍数	需配制药液量(L、kg)								
	1	2	3	4	5	10	20	30	40
	所需药液量(mL、g)								
50	20	40	60	80	100	200	400	600	800
100	10	20	30	40	50	100	200	300	400
200	5	10	15	20	25	50	100	150	200
300	3.1	6.8	10.2	13.6	17	34	68	102	136
400	2.5	5	7.5	10	12.5	25	50	75	100
500	2	4	6	8	10	20	40	60	80
1000	1	2	3	4	5	10	20	30	40
2000	0.5	1	1.5	2	2.5	5	10	15	20
3000	0.34	0.68	1.02	1.36	1.7	3.4	6.8	10.2	13.6
4000	0.25	0.5	0.75	1	1.25	2.5	5	7.5	10
5000	0.2	0.4	0.4	0.8	1	2	4	6	8

（三）农药的配制及注意事项

除少数可直接使用的农药制剂外，一般农药都要经过配制才能使用。农药的配制就是把商品农药配制成可以施用的状态。例如，乳油、可湿性粉剂等本身不能直接施用，必须对水稀释成所需浓度的喷施液才能喷施。农药配制一般要经过农药和配料取用量的计算、量取、混合几个步骤。

（1）认真阅读农药商品使用说明书，确定当地条件下的用药量。农药制剂配取要根据其制剂有效成分的百分含量、单位面积的有效成分用量和施药面积来计算。商品农药的标签和说明书中一般均标明了制剂的有效成分含量、单位面积的有效成分用量，有的还标明了制剂用量或稀释倍数。所以，要准确计算农药制剂和取用量，必须仔细、认真阅读农药标签和说明书。

（2）药液调配要认真计算制剂取用量和配料用量，以免出现差错。

（3）安全、准确地配制农药。计算出制剂取用量和配料用量后，要严格按照计算的量量取或称取。液体药要用有刻度的量具，固体药要用秤称量。量取好药和配料后，要在专用的容器里混匀。混匀时，要用工具搅拌，不得用手。

为了准确、安全地进行农药配制，还应注意以下几点：

① 不能用瓶盖倒药或用饮水桶配药；不能用盛药水的桶直接下沟、河取水；不能用手伸入药液或粉剂中搅拌。

② 在开启农药包装、称量配制时，操作人员应戴上必要的防护器具。

③ 配制人员必须经专业培训，掌握必要的技术和熟悉所用农药的性能。

④ 孕妇、哺乳期妇女不能参与配药。

⑤ 配药器械一般要求专用，每次用后要洗净，不得在河流、小溪、井边冲洗。

⑥ 少数剩余和废弃的农药应深埋入地坑中。

⑦ 处理粉剂时要小心，以防止粉尘飞扬。

⑧ 喷雾器不宜装得太满，以免药液泄漏。当天配好的应当天用完。

（四）波尔多液的配制、使用

波尔多液是由硫酸铜、生石灰和水配制成的天蓝色悬浊液，是一种无机铜保护剂。黏着力强，喷于植物表面后形成一层药膜，逐渐释放出铜离子，可防止病菌侵入植物体。药效持续20～30天，可以防治多种果树病害。

配制方法：以1∶1∶160倍式波尔多液的配制为例。在塑料桶或木桶、陶瓷容器中，先用5kg温水将0.5kg硫酸铜溶解，再加70kg水，配制成稀硫酸铜水溶液，同时在大缸或药池中将0.5kg生石灰加入5kg水，配成浓石灰乳，最后将稀硫酸铜水溶液慢慢倒入浓石灰乳中，边倒边搅拌。这样配出的波尔多液呈天蓝色，悬浮性好，防治效果佳。也可将0.5kg生石灰用40kg水溶解，将0.5kg硫酸铜用40kg水溶解，再将石灰水和硫酸铜水溶液同时缓缓倒入另一个容器中，边倒边搅拌。生产上往往在药箱中直接先配制成波尔多原液，然后加水，达到所用浓度。采用这种方法配制出的药液较前两种方法配制的质量差，但如配制后立即使用，则该配制方法也可行。

使用方法及注意事项：桃、李、梅、中国梨等对本剂敏感，要选用不同的倍量式，以减弱药害因子作用；波尔多液使用前要施用其他农药，则要间隔5～7天才能使用波尔多液，波尔多液使用后要施用退菌特，则要间隔15天；不能与石硫合剂、松脂合剂等农药混用；该药剂宜在晴天露水干后现配现用，不宜在低温、潮湿、多雨时施用；边配制边使用，不宜隔夜使用；不能用金属容器配制，因金属容器易被硫酸腐蚀。

（五）石硫合剂的配制、使用

石硫合剂又叫石灰硫黄合剂、石硫合剂水剂，是果园常用的杀螨剂和杀菌剂，一般是自行配制。近年来，有的农药厂生产出固体石硫合剂，加水稀释后便可使用。

石硫合剂是以生石灰和硫黄粉为原料，加水熬制成的红褐色液体。其有效成分是多硫化钙，有较强的渗透和侵蚀病菌细胞壁和害虫体壁的能力，可直接杀死病菌和害虫。对人、畜毒性中等，对人眼、鼻、皮肤有刺激性。

熬制石硫合剂要选用优质生石灰，不宜用化开的石灰。生石灰、硫黄和水的比例为1∶2∶10，先把生石灰放在铁锅中，用少量水化开后加足量水并加热，同时用少量温水将硫黄粉调成糊状备用。当锅中的石灰水烧至近沸腾时，把硫黄糊沿锅边慢慢倒入石灰液中，边倒边搅，并记好水位线。大火加热，煮沸40 ～ 60min后在药熬成红褐色时停火。在煮沸过程中应适当搅拌，并用热水补足蒸发掉的水分。冷却后滤除渣子，就成石灰硫黄合剂原液。商品石硫合剂的原液浓度一般在32波美度以上，农村自行熬制的石硫合剂浓度在22 ～ 28波美度。使用前，用波美比重计测量原液浓度(波美度)，然后再根据需要，加水稀释成所需浓度，稀释倍数按下列公式计算或查附表2。

$$加水稀释倍数=\frac{原液波美度-所需药液波美度}{所需药液波美度}$$

在果树休眠期和发芽前，用3 ～ 5波美度石硫合剂，可防治果树炭疽病、腐烂病、白粉病、锈病、黑星病等，也可防治果树螨类、蚧类等害虫。果树生长季节，用0.3 ～ 0.5波美度石硫合剂，可防治多种果树细菌性穿孔病、白粉病等，并可兼治螨类害虫。

注意事项：煮熬时要用缓火，烧制成的原液波美度高；如急火煮熬，原液波美度低；煮熬时用热水随时补足蒸发水量，如不补充热水，则在开始煮熬时水量应多加20% ～ 30%，其配比为1 ∶ 2 ∶（12 ～ 13）。含杂质多和已分化的石灰不能使用，如是含有一定量杂质的石灰，则其用量视杂质含量适当增加。硫黄是块状的，应先捏成粉，才能使用。稀释液不能储藏，应随配随用。原液储藏需密闭，避免日晒，不能用铜、铝容器，可用铁质或陶瓷容器；梨树上喷过石硫合剂后，间隔10 ～ 15天才能喷波尔多液；喷过波尔多液和机油乳剂后，间隔15 ～ 20天才能喷石硫合剂，以免发生药害。气温高于32℃或低于4℃均不能使用石硫合剂。梨、葡萄、杏树对硫比较敏感，在生长期不能使用；稀释倍数要认真计算，尤其是在生长期使用的药液。

附表2　石硫合剂重量倍数稀释表

原液浓度(波美度)	需要浓度（波美度）									
	5	4	3	2	1	0.5	0.4	0.3	0.2	0.1
	加水稀释倍数									
15	2.0	2.75	4.00	6.50	14.0	29.0	36.5	49.0	74.0	149.0
16	2.2	3.00	4.33	7.0	15.0	31.0	39.0	52.3	79.0	159.0
17	2.4	3.25	4.66	7.5	16.0	33.0	41.5	55.6	84.0	169.0
18	2.6	3.50	5.00	8.0	17.0	35.0	44.0	59.0	89.0	179.0
19	2.8	3.75	5.33	8.5	18.0	37.0	46.5	62.3	94.0	189.0
20	3.0	4.00	5.66	9.0	19.0	39.0	49.0	65.6	99.0	199.0
21	3.2	4.25	6.00	9.5	20.0	41.0	51.5	69.0	104.0	209.0
22	3.4	4.50	6.33	10.0	21.0	43.0	54.0	72.3	109.0	219.0
23	3.6	4.75	6.66	10.5	22.0	45.0	56.5	75.6	114.0	229.0
24	3.8	5.00	7.00	11.0	23.0	47.0	59.0	79.0	119.0	239.0
25	4.0	5.25	7.33	11.5	24.0	49.0	61.5	82.3	124.0	249.0
26	4.2	5.50	7.66	12.0	25.0	51.0	64.0	85.6	129.0	259.0
27	4.4	5.75	8.00	12.5	26.0	53.0	65.5	89.0	134.0	269.0
28	4.6	6.00	8.33	13.0	27.0	55.0	69.0	92.3	139.0	279.0
29	4.8	6.25	8.66	13.5	28.0	57.0	71.5	95.6	144.0	289.0
30	5.0	6.50	9.00	14.0	29.0	59.0	74.0	99.0	149.0	299.0

（六）自制果树涂白剂的方法

在冬季给果树主枝和主干刷上涂白剂，是帮助果树安全越冬与防除病虫害的一项有效措施。自制3种涂白剂方法如下：

（1）石硫合剂石灰涂白剂。取3kg生石灰用水化成熟石灰，继续加水配成石灰乳，再倒入少许油脂并不断搅拌，然后倒进0.5kg石硫合剂原液和食盐，充分拌匀后即成石硫合剂石灰涂白剂，配制该剂的总用水量为10kg。配制后应立即使用。

（2）硫黄石灰涂白剂。将硫黄粉与生石灰充分拌匀后加水溶化，再将溶化的食盐水倒入其中，并加入油脂和水，充分搅拌均匀便得硫黄石灰涂白剂。配制的硫黄石灰涂白剂应当天使用。配制方法：按硫黄0.25、食盐0.1、油脂0.1、生石灰5、水20的重量比例配制即可。

（3）硫酸铜石灰涂白剂。配料比例：硫酸铜0.5kg，生石灰10kg。配制方法：用开水将硫酸铜充分溶解，再加水稀释，将生石灰慢慢加水熟化后，继续将剩余的水倒入调成石灰乳，然后将两者混合，并不断搅拌均匀即成。

（七）几种果树伤口保护剂的配制、使用

（1）接蜡。将松香400g、猪油50g放入容器中，用文火熬至全部熔化，冷却后慢慢倒入酒精，待容器中泡沫起得不高即发出“吱吱”声时，即停止倒入酒精。再加入松节油50g、25%酒精100g，不断搅动，即成接蜡。然后将其装入用盖密封的瓶中备用。使用时，用毛笔蘸取接蜡，涂抹在伤口上即可。

（2）牛粪灰浆。用牛粪6份、熟石灰和草木灰各8份、细河沙1份，加水调成糨糊状，即可使用。

（3）松香酚醛清漆合剂。准备好松香和酚醛清漆各1份。配制时，先把清漆煮沸，再慢慢加入松香拌匀即可。冬季可多加酚醛清漆，夏季可多加松香。

（4）豆油铜剂。准备豆油、硫酸铜和熟石灰各1份。配制时，先把豆油煮沸，再加入硫酸铜细粉及熟石灰，充分搅拌，冷却后即可使用。

二、果树生产慎用和禁用农药

（一）果树生产慎用农药

乐果：猕猴桃特敏感，禁用；对杏、梨有明显的药害，不宜使用；桃、梨对稀释倍数小于1500倍的药液敏感，使用前要

先进行试验，以确定安全使用浓度。

螨克和克螨特：梨树禁用。

敌敌畏：对樱桃、桃、杏、白梨等植物有明显的药害，应十分谨慎。

敌百虫：对苹果中的金帅品种有药害作用。

稻丰散：对桃和葡萄的某些品种敏感，使用要慎重。

二甲四氯：各种果树都忌用。

石硫合剂：对桃、李、梅、梨、杏等有药害，在葡萄幼嫩组织上易产生药害。若在这些植物上使用石硫合剂，最好在其落叶季节喷洒，在生长季节或花果期慎用。

波尔多液：对生长季节的桃、李敏感。低于倍量时，梨、杏、柿易发生药害；高于倍量时，葡萄易发生药害。

石油乳剂：对某些桃树品种易产生药害，最好在桃树落叶季节使用。

（二）果树生产禁用农药

1.国家明令禁止使用的农药

六六六、滴滴涕（DDT）、毒杀芬、二溴氯丙烷、杀虫脒、二溴乙烷、除草醚、艾氏剂、狄氏剂、汞制剂、砷类、铅类、敌枯双、氟乙酰胺、甘氟、毒鼠强、氟乙酸钠、毒鼠硅。

2.果树上不得使用的农药

甲拌磷、乙拌磷、久效磷、对硫磷、甲基对硫磷、甲胺磷、甲基异柳磷、氧化乐果、磷胺、特丁硫磷、甲基硫环磷、治螟磷、内吸磷、灭线磷、硫环磷、蝇毒磷、地虫硫磷、氯唑磷、苯线磷。

（三）我国高毒农药退市时间表确定

按10月1日起实施的《食品安全法》明确要求，农业部已制定初步工作计划，拟在充分论证基础上，科学有序、分期分批地加快淘汰剧毒、高毒、高残留农药。

近日，农业部种植业管理司向外界透露我国高毒农药全面退市已有时间表：

一是2019年前淘汰溴甲烷和硫丹。根据有关国际公约，溴甲烷土壤熏蒸使用至2018年12月31日；硫丹用于防治棉花棉铃虫、烟草烟青虫等特殊使用豁免至2019年3月26日；拟于2016年底前发布公告，自2017年1月1日起，撤销溴甲烷、硫丹农药登记；自2019年1月1日起，禁止溴甲烷、硫丹在农业生产上使用。

二是2020年禁止使用涕灭威、克百威、甲拌磷、甲基异硫磷、氧乐果、水胺硫磷。根据农药使用风险监测和评估结果，拟于2018年撤销上述6种高毒农药登记，2020年禁止使用。

三是到2020年年底，除农业生产等必须保留的高毒农药品种外，淘汰禁用其他高毒农药。

目前农业部登记农药产品累计3万多个，而品种只有650多个，绝大多数农药产品都是多年登记、重复登记同一品种，甚至同一产品，成老旧农药。同时还有不少农药产品已登记多年，但一直没生产销售，成“休眠”产品。与高毒农药相比，对生态环境、农产品质量安全等方面威胁虽然不大，但老旧农药问题同样突出。

因此，农业部将通过政策调整，引导农药使用零增长目标平稳落地。除加快高毒农药退市外，对安全风险高、不合法合规、农业生产需求小、防治效果明显下降、失去应用价值老旧农药品种实行强制退出。

参考文献

[1] 谢联辉.普通植物病理学.第二版.北京：科学出版社，2013.

[2] 徐志宏.板栗病虫害防治彩色图谱.杭州：浙江科学技术出版社，2001.

[3] 成卓敏.新编植物医生手册.北京：化学工业出版社，2008.

[4] 冯玉增.石榴病虫草害鉴别与无公害防治[M].北京：科学技术文献出版社，2009.

[5] 赵奎华.葡萄病虫害原色图鉴.北京：中国农业出版社，2006.

[6] 许渭根.石榴和樱桃病虫原色图谱.杭州：浙江科学技术出版社，2007.

[7] 宁国云.梅、李及杏病虫原色图谱.杭州：浙江科学技术出版社，2007.

[8] 吴增军.猕猴桃病虫原色图谱.杭州：浙江科学技术出版社，2007.

[9] 梁森苗.杨梅病虫原色图谱.杭州：浙江科学技术出版社，2007.

[10] 蒋芝云.柿和枣病虫原色图谱.杭州：浙江科学技术出版社，2007.

[11] 王立宏.枇杷病虫原色图谱.杭州：浙江科学技术出版社，2007.

[12] 夏声广.柑橘病虫害防治原色生态图谱.北京：中国农业出版社，2006.

[13] 林晓民.中国菌物.北京：中国农业出版社，2007.

[14] 袁章虎.无公害葡萄病虫害诊治手册.北京：中国农业出版社，2009.

[15] 何月秋.毛叶枣（台湾青枣）的有害生物及其防治.北京：中国农业出版社，2009.

[16] 张炳炎.核桃病虫害及防治原色图谱.北京：金盾出版社，2008.

[17] 李晓军.樱桃病虫害及防治原色图谱.北京：金盾出版社，2008.

[18] 范昆.图说樱桃病虫害诊断与防治.北京：机械工业出版社，2014.

[19] 中国农业科学院植物保护研究所，中国植物保护学会.中国农作物病虫害.第三版.北京：中国农业出版社，2015.

[20] 刘兰泉.彩图版猕猴桃栽培及病虫害防治.北京：中国农业出版社，2016.